定位经典丛书
对美国营销影响巨大的观念

人生定位

HORSE SENSE

THE KEYS OF SUCCESS IS FINDING A HORSE TO RIDE

［美］ **艾·里斯**（Al Ries） **著**
杰克·特劳特（Jack Trout）

何峻 王俊兰◎等译
谢伟山◎审校

机械工业出版社
CHINA MACHINE PRESS

北京市版权局著作权合同登记　图字：01-2011-2071 号。

图书在版编目（CIP）数据

人生定位／（美）里斯（Ries, A.），（美）特劳特（Trout, J.）著；何峻，王俊兰等译. —北京：机械工业出版社，2011.8（2025.7 重印）
　（定位经典丛书）
书名原文：Horse Sense: The Keys of Success Is Finding a Horse to Ride
ISBN 978-7-111-35558-8

Ⅰ . 人… Ⅱ . ① 里… ② 特… ③ 何… ④ 王… Ⅲ . 成功心理－通俗读物 Ⅳ . B848.4-49

中国版本图书馆 CIP 数据核字（2011）第 158478 号

机械工业出版社（北京市西城区百万庄大街 22 号　邮政编码　100037）
责任编辑：张　昕　　　版式设计：刘永青
河北虎彩印刷有限公司印刷
2025 年 7 月第 1 版第 46 次印刷
170mm×242mm · 18.25 印张
标准书号：ISBN 978-7-111-35558-8
定价：69.00 元

客服电话：（010）88361066　68326294

目录

不能再指望有个为你打点一切的老大哥了。这是个全新的竞争世界，人力图成功。但是，孤军奋战必将失败，善用他人才能成功。

POSITIONING

　　高风险赌注意味着完全依赖自己身上的某种东西，买中等风险的赛马就是认为成功要部分依靠自己，部分借助外力。

　　低风险的赛马就是把成功的希望全部寄托在外界帮助上。这里介绍六种最重要的低风险赌注，一种来自联姻。

　　选择加盟大企业，等于骑上一匹赔率为50：1的赛马。你得学习如何处理人际关系，当然，驾驭这匹马还有更简单的方法。

第7章　产品型赛马 / 88

这倒不需要你自己有多少创新本领，如何发现别人的能力才是成功的关键。

第8章　创意型赛马 / 121

你不必对每件事都有什么奇思妙想，别人的思维也是一样好，不过要学会从杂乱的思想中辨别出真正智慧的火花。

第9章　他人型赛马 / 140

下工夫找一个好老板是值得肯定的。问题在于怎样找到一个值得休戚与共的老板，关于这点，我们有张清单，一定会让你大吃一惊。

第10章　伙伴型赛马 / 158

面临险境时，两个人的机会要比一个人的多，因为很少有人能对自己的想法做出正确的判断。孤独者常常会因为过于自负而受伤。

第11章　配偶型赛马 / 170

婚姻越来越多地成为一种经济合伙形式，你的配偶可以为你的职业或者事业做出五种明显的贡献。

第12章　家族型赛马 / 179

家族的纽带是一个人职业发展的重要财富，有这么多人只专注于"做自己的事"，而忽略了家族的力量，真让人吃惊。

第13章　更换赛马 / 203

时间在变，形势在变。很多时候我们不得不转变，可是有三种恐惧让我们不敢接受转变。

第14章　没有第二幕 / 220

很多原本成功的企业曾将自己的本行转手而试图开拓新业务，可惜没几家企业能够成功。这里将告诉你为什么这样做难以奏效。

第15章　借口，还是借口 / 236

如果你已经准备好不再寻找借口而是加入比赛，这里有七种寻找合适赛马的指南，遵循这些指示，好戏即将开始。

（一）

孙子云：先胜而后求战。

商界如战场，而这就是战略的角色。事实上，无论承认与否，今天很多商业界的领先者都忽视战略，而重视战术。对于企业而言，这是极其危险的错误。你要在开战之前认真思考和确定战略，才能赢得战役的胜利。

关于这个课题，我们的书会有所帮助。但是首先要做好准备，接受战略思维方式上的颠覆性改变，因为真正有效的战略常常并不合逻辑。

以战场为例。很多企业经理人认为，胜负见于市场，但事实并非如此。胜负在于潜在顾客的心智，这是定位理论中最基本的概念。

你如何赢得心智？在过去的40多年里，这一直是我们唯一的课题。最初我们提出了定位的方法，通过一个定位概念将品牌植入心智；之后我们提出了商战，借助战争法则来思考战略；后来我们发现，除非通过聚焦，对企业和品牌的各个部分进行取舍并集中资源，否则定位往往会沦为一个传播概念。今天我们发现，开创并主导一个品类，令你的品牌成为潜在顾客心智中某一品类的代表，是赢得心智之战的关键。

但是绝大多数公司并没有这么做，以"聚焦"

为例，大部分公司都不愿意聚焦，而是想要吸引每个消费者，最终它们选择延伸产品线。每个公司都想要成长，因此逻辑思维就会建议一个品牌应该扩张到其他品类中，但这并非定位思维。它可能不合逻辑，但我们仍然建议你的品牌保持狭窄的聚焦；如果有其他的机会出现，那么推出第二个甚至第三个品牌。

几乎定位理论的每个方面和大多数公司的做法都相反，但事实上很多公司都违背了定位的原则，而恰恰是这些原则才为你在市场上创造机会。模仿竞争对手并不能让你获得胜利。你只有大胆去做不同的事才能取胜。

当然，观念的改变并非一日之功。在美国，定位理论经历了数十年的时间才被企业家广泛接受。最近几年里，我们成立了里斯伙伴中国公司，向中国企业家传播定位理论。我和女儿劳拉几乎每年都应邀到中国做定位理论新成果的演讲，我们还在中国的营销和管理杂志上开设了长期的专栏，解答企业家们的疑问……这些努力正在发生作用，由此我相信，假以时日，中国企业一定可以创建出真正意义的全球主导品牌。

艾·里斯

（二）

中国正处在一个至关重要的十字路口上。制造廉价产品已使中国有了很大的发展，但上升的劳动力成本、环境问题、收入不平等以及对创新的需求都意味着重要的不是制造更廉价的产品，而是更好地进行产品营销。只有这样，中国才能赚更多的钱，才能在员工收入、环境保护和其他方面进行更大的投入。这意味着中国需要更好地掌握如何在顾客和潜在顾客的心智中建立品牌和认知，如何应对国内及国际上无处不在的竞争。

这也正是我的许多书能够发挥作用的地方。它们都是关于如何通过在众多竞争者中实现差异化来定位自己的品牌；它们都是关于如何保持简单、如何运用常识以及如何寻求显而易见又强有力的概念。总的来讲，无论你想要销售什么，它们都会告诉你如何成为一个更好的营销者。

我的中国合伙人邓德隆先生正将其中的很多理论在中国加以运用，他甚至为企业家开设了"定位"培训课程。但是，中国如果要建立自己的品牌，正如你们在日本、韩国和世界其他地方所看到的那些品牌，你们依然有很长的路要走。

但有一件事很明了：继续"制造更廉价的产品"只会死路一条，因为其他国家会想办法把价格压得更低。

杰克·特劳特

马克思的伟大贡献在于，他深刻地指出了，以生产工具为标志的生产力的发展，是社会存在的根本柱石，也是历史的第一推动力——大思想家李泽厚如是总结马克思的唯物史观。

第一次生产力革命：泰勒"科学管理"

从唯物史观看，赢得第二次世界大战（以下简称"二战"）胜利的关键历史人物并不是丘吉尔、罗斯福与斯大林，而是弗雷德里克·泰勒。泰勒的《科学管理原理》[⊖]掀起了人类工作史上的第一次生产力革命，大幅提升了体力工作者的生产力。在泰勒之前，人类的精密制造只能依赖于能工巧匠（通过师傅带徒弟的方式进行培养，且人数不多），泰勒通过将复杂的工艺解构为简单的零部件后再组装的方式，使得即便苏格拉底或者鲁班再世恐怕也未必能造出来的智能手机、电动汽车，现在连普通的农民工都可以大批量制造出来。"二战"期间，美国正是全面运用了泰勒"更聪明地工作"方法，使得美国体力工作者的生产力爆炸式提高，远超其他国家，美国一国产出的战争物资比其他所有参战国的总和还要多——这才是"二战"胜利的坚实基础。

欧洲和日本也正是从"二战"的经验与教训中，认识到泰勒工作方法的极端重要性。两者分别通过"马歇尔计划"和爱德华·戴明，引入了泰勒的作业方法，这才有了后来欧洲的复兴与日本的重新崛起。

⊖ 本书中文版已由机械工业出版社出版。

包括 20 世纪 80 年代崛起的"亚洲四小龙",以及今日的"中国经济奇迹",本质上都是将体力工作者的生产力大幅提升的结果。

泰勒的贡献不止于此,根据唯物史观,当社会存在的根本柱石——生产力得到发展后,整个社会的"上层建筑"也将得到相应的改观。在泰勒之前,工业革命造成了资产阶级与无产阶级这两大阶级的对峙。随着生产力的发展,体力工作者收入大幅增加,工作强度和时间大幅下降,社会地位上升,并且占据社会的主导地位。前者的"哑铃型社会"充满了斗争与仇恨,后者的"橄榄型社会"则相对稳定与和谐——体力工作者生产力的提升,彻底改变了社会的阶级结构,形成了我们所说的发达国家。

体力工作者工作强度降低,人类的平均寿命因此相应延长。加上工作时间的大幅缩短,这"多出来"的许多时间,主要转向了教育。教育时间的大幅延长,催生了一场更大的"上层建筑"的革命——资本主义的终结与知识社会的出现。1959 年美国的人口统计显示,靠知识(而非体力)"谋生"的人口超过体力劳动者,成为劳动人口的主力军,这就是我们所说的知识社会。目前,体力工作者在美国恐怕只占 10% 左右了。知识社会的趋势从美国为代表的发达国家开始,向全世界推进。

第二次生产力革命:德鲁克"组织管理"

为了因应知识社会的来临,彼得·德鲁克创立了管理这门独立的学科(核心著作是《管理的实践》及《卓有成效的管理者》⊖),管理学科的系统建立与广泛传播大幅提升了组织的生产力,使社会能容纳如此巨大的知识群体,并让他们创造绩效成为可能,这是人类史上第二次"更聪明地工作"。

⊖ 这两本书中文版已由机械工业出版社出版。

　　在现代社会之前，全世界最能吸纳知识工作者的国家是中国。中国自汉代以来的文官制度，在隋唐经过科举制定型后，为知识分子打通了从最底层通向上层的通道。这不但为社会注入了源源不断的活力，也为人类创造出了光辉灿烂的文化，是中国领先于世界的主要原因之一。在现代社会，美国每年毕业的大学生就高达百万以上，再加上许多在职员工通过培训与进修，从体力工作者转化为知识工作者的人数就更为庞大了。特别是"二战"后实施的《退伍军人权利法案》，几年间将"二战"后退伍的军人几乎全部转化成了知识工作者。如果没有高效的管理，整个社会将因无法消化这么巨大的知识群体而陷入危机。

　　通过管理提升组织的生产力，现代社会不但消化了大量的知识群体，甚至还创造出了大量的新增知识工作的需求。与体力工作者的生产力是以个体为单位来研究并予以提升不同，知识工作者的知识本身并不能实现产出，必须借助组织这个"生产单位"来利用他们的知识，才可能产出成果。正是管理学让组织这个生产单位创造出应有的巨大成果。

　　要衡量管理学的成就，我们可以将 20 世纪分为前后两个阶段来进行审视。20 世纪前半叶是人类有史以来最血腥、最残暴、最惨无人道的半个世纪，短短 50 年的时间内居然发生了两次世界大战，最为专制独裁及大规模的种族灭绝都发生在这一时期。反观"二战"后的 20 世纪下半叶，直到 2008 年金融危机为止，人类享受了长达近 60 年的经济繁荣与社会稳定。虽然地区摩擦未断，但世界范围内的大战毕竟得以幸免。究其背后原因，正是通过恰当的管理，构成社会并承担了具体功能的各个组织，无论是企业、政府、医院、学校，还是其他非营利机构，都能有效地发挥应有的功能，同时让知识工作者获得成就和满足感，从而确保了社会的和谐与稳定。20世纪上半叶付出的代价，本质上而言是人类从农业社会转型为工业社会缺乏恰当的组织管理所引发的社会功能紊乱。20 世纪下半叶，人类从工业社会转型为知识社会，虽然其剧变程度更烈，但是因为有了管理，乃至于平稳地被所有的历史学家忽略了。如果没有管理学，历史的经验告诉我们，20 世纪下半叶，很有可能会像上半叶一样令我们这些身处其中的人不寒而栗。不同于之前的两次大战，现在我们已具备了足以多次毁灭整个人类的能力。

生产力的发展、社会基石的改变，照例引发了"上层建筑"的变迁。首先是所有制方面，资本家逐渐无足轻重了。在美国，社会的主要财富通过养老基金的方式被知识员工所持有。从财富总量上看，再大的企业家（如比尔·盖茨、巴菲特等巨富）与知识员工持有的财富比较起来，也只是沧海一粟而已。更重要的是，社会的关键资源不再是资本，而是知识。社会的代表人物也不再是资本家，而是知识精英或各类顶级专才。整个社会开始转型为"后资本主义社会"。社会不再由政府或国家的单一组织治理或统治，而是走向由知识组织实现自治的多元化、多中心化。政府只是众多大型组织之一，而且政府中越来越多的社会功能还在不断外包给各个独立自治的社会组织。如此众多的社会组织，几乎为每个人打开了"从底层通向上层"的通道，意味着每个人都可以通过获得知识而走向成功。当然，这同时也意味着不但在同一知识或特长领域中竞争将空前激烈，而且在不同知识领域之间也充满着相互争辉、相互替代的竞争。

正如泰勒的成就催生了一个知识型社会，德鲁克的成就则催生了一个竞争型社会。对于任何一个社会任务或需求，你都可以看到一大群管理良好的组织在全球展开争夺。不同需求之间还可以互相替代，一个产业的革命往往来自另一个产业的跨界打劫。这又是一次史无前例的社会巨变！人类自走出动物界以来，上百万年一直处于"稀缺经济"的生存状态中。然而，在短短的几十年里，由于管理的巨大成就，人类居然可以像儿童置身于糖果店中一般置身于"过剩经济"的"幸福"状态中。然而，这却给每家具体的企业带来了空前的生存压力，如何从激烈的竞争中存活下去。人们呼唤第三次生产力革命的到来。

第三次生产力革命：特劳特"定位"

对于企业界来说，前两次生产力革命，分别通过提高体力工作者和知识工作者的生产力，大幅提高了企业内部的效率，使得企业可以更好更快地满足顾客需求。这两次生产力革命的巨大成功警示企业界，接下来他们即将面临的最重大的挑战，将从管理企业的内部转向管理企业的外部，也就是顾客。德鲁克说，"企业存在的唯一目的是创造顾客"，而特劳特定位理论，将为企业创造顾客提供一种新的强大的生产工具。

竞争重心的转移

在科学管理时代，价值的创造主要在于多快好省地制造产品，因此竞争的重心在工厂，工厂同时也是经济链中的权力中心，生产什么、生产多少、定价多少都由工厂说了算，销售商与顾客的意愿无足轻重。福特的名言是这一时代权力掌握者的最好写照——你可以要任何颜色的汽车，只要它是黑色的。在组织管理时代，价值的创造主要在于更好地满足顾客需求，相应地，竞争的重心由工厂转移到了市场，竞争重心的转移必然导致经济权力的同步转移，离顾客更近的渠道商就成了经济链中的权力掌握者。互联网企业家巨大的影响力并不在于他们的财富之多，而在于他们与世界上最大的消费者群体最近。而现在，新时代的竞争重心已由市场转移至心智，经济权力也就由渠道继续前移，转移至顾客，谁能获取顾客心智的力量，谁就能摆脱渠道商的控制而握有经济链中的主导权力。在心智时代，顾客选择的力量掌握了任何一家企业、任何渠道的生杀大权。价值的创造，一方面来自企业因为有了精准定位而能够更加高效地使用社会资源，另一方面来自顾客交易成本的大幅下降。

选择的暴力

杰克·特劳特在《什么是战略》⊖开篇中描述说："最近几十年里，商业发生了巨变，几乎每个品类可选择的产品数量都有了出人意料的增长。例如，在 20 世纪 50 年代的美国，买小汽车就是在通用、福特、克莱斯勒或美国汽车这四家企业生产的车型中挑选。今天，你要在通用、福特、克莱斯勒、丰田、本田、大众、日产、菲亚特、三菱、雷诺、铃木、宝马、奔驰、现代、大宇、马自达、五十铃、起亚、沃尔沃等约 300 种车型中挑选。"甚至整个汽车品类都将面临高铁、短途飞机等新一代跨界替代的竞争压力。汽车业的情形，在其他各行各业中都在发生。移动互联网的发展，更是让全世界的商品和服务来到我们面前。如何对抗选择的暴力，从竞争中胜出，赢得顾客的选择而获取成长的动力，就成了组织生存的前提。

这种"选择的暴力"，只是展示了竞争残酷性的一个方面。另一方面，知识社会带来的信息爆炸，使得本来极其有限的顾客心智更加拥挤不堪。根据哈佛大学心理学博士米勒的研究，顾客心智中最多也只能为每个品类留下七个品牌空间。而特劳特先生进一步发现，随着竞争的加剧，最终连七个品牌也容纳不下，只能给两个品牌留下心智空间，这就是定位理论中著名的"二元法则"。

⊖ 本书中文版已由机械工业出版社出版。

在移动互联网时代，特劳特先生强调"二元法则"还将演进为"只有第一，没有第二"的律则。任何在顾客心智中没有占据一个独一无二位置的企业，无论其规模多么庞大，终将被选择的暴力摧毁。这才是推动全球市场不断掀起并购浪潮的根本力量，而不是人们通常误以为的是资本在背后推动，资本只是被迫顺应顾客心智的力量。特劳特先生预言，与未来几十年相比，我们今天所处的竞争环境仍像茶话会一般轻松，竞争重心转移到心智将给组织社会带来空前的紧张与危机，因为组织存在的目的，不在于组织本身，而在于组织之外的社会成果。当组织的成果因未纳入顾客选择而变得没有意义甚至消失时，组织也就失去了存在的理由与动力。这远不只是黑格尔提出的因"历史终结"带来的精神世界的无意义，而是如开篇所引马克思的唯物史观所揭示的，关乎社会存在的根本柱石发生了动摇。

走进任何一家超市，或者打开任何一个购物网站，你都可以看见货架上躺着的大多数商品，都是因为对成果的定位不当而成为没有获得心智选择力量的、平庸的、同质化的产品。由此反推，这些平庸甚至是奄奄一息的产品背后的企业，及在这些企业中工作的人们，他们的生存状态是多么地令人担忧，这可能成为下一个社会急剧动荡的根源。

吊诡的是，从大数据到人工智能等科技创新不但没能缓解这一问题，反而加剧了这种动荡。原因很简单，新科技的运用进一步提升了组织内部的效率，而组织现在面临的挑战主要不在内部，而是外部的失序与拥挤。和过去的精益生产、全面质量管理、流程再造等管理工具一样，这种提高企业内部效率的"军备竞赛"此消彼长，没有尽头。如果不能精准定位，企业内部效率提高再多，也未必能创造出外部的顾客。

新生产工具：定位

在此背景下，为组织准确定义成果、化"选择暴力"为"选择动力"的新生产工具——定位（positioning），在 1969 年被杰克·特劳特发现，通过大幅提升企业创造顾客的能力，引发第三次生产力革命。在谈到为何采用"定位"一词来命名这一新工具时，特劳特先生说："《韦氏词典》对战略的定义是针对敌人（竞争对手）确立最具优势的位置（position）。这正好是定位要做的工作。"在顾客心智（组织外部）中针对竞争对手确定最具优势的位置，从而使企业胜出竞争赢得优先选择，为企业源源不断地创造顾客，这是企业需全力以赴实现的成果，也是企业赖以存在的根本理由。特劳特先生的核心著作是《定位》[○]《商战》[○]和《什么是战略》，我推荐读者从这三本著作开始学习定位。

定位引领战略

1964 年，德鲁克出版了《为成果而管理》[○]一书，二十年后他回忆说，其实这本书的原名是《商业战略》，但是出版社认为，商界人士并不关心战略，所以说服他改了书名。这就是当时全球管理界的真实状况。然而，随着前两次生产力革命发挥出巨大效用，产能过剩、竞争空前加剧的形势，迫使学术界和企业界开始研究和重视战略。一时间，战略成为显学，百花齐放，亨利·明茨伯格甚至总结出了战略学的十大流派，许多大企业也建立了自己的战略部门。战略领域的权威、哈佛商学院迈克尔·波特教授总结了几十年来的研究成果，清晰地给出了一个明确并且被企业界和学术界最广泛接受的定义："战略，就是创造一种独特、有利的定位。""最高管理层的核心任务是制定战略：界定并宣传公司独特的定位，进

行战略取舍,在各项运营活动之间建立配称关系。"波特同时指出了之前战略界众说纷纭的原因,在于人们未能分清"运营效益"和"战略"的区别。提高运营效益,意味着比竞争对手做得更好;而战略意味着做到不同,创造与众不同的差异化价值。提高运营效益是一场没有尽头的军备竞赛,可以模仿追赶,只能带来短暂的竞争优势;而战略则无法模仿,可以创造持续的长期竞争优势。

定位引领运营

企业有了明确的定位以后,几乎可以立刻识别出企业的哪些运营动作加强了企业的战略,哪些运营动作没有加强企业的战略,甚至和战略背道而驰,从而做到有取有舍,集中炮火对着同一个城墙口冲锋,"不在非战略机会点上消耗战略竞争力量"(任正非语)。举凡创新、研发、设计、制造、产品、渠道、供应链、营销、投资、顾客体验、人力资源等,企业所有的运营动作都必须能够加强而不是削弱定位。

比如美国西南航空公司,定位明确之后,上下同心,围绕定位建立了环环相扣、彼此加强的运营系统:不提供餐饮、不指定座位、无行李转运、不和其他航空公司联程转机、只提供中等规模城市和二级机场之间的短程点对点航线、单一波音737组成的标准化机队、频繁可靠的班次、15分钟泊机周转、精简高效士气高昂的员工、较高的薪酬、灵活的工会合同、员工持股计划等,这些运营动作组合在一起,夯实了战略定位,让西南航空能够在提供超低票价的同时还能为股东创造丰厚利润,使得西南航空成为一家在战略上与众不同的航空公司。

所有组织和个人都需要定位

定位与管理一样,不仅适用于企业,还适用于政府、医院、学校等各类组织，以及城市和国家这样的超大型组织。例如岛国格林纳达，通过从"盛产香料的小岛"重新定位为"加勒比海的原貌"，从一个平淡无奇的小岛变成了旅游胜地；新西兰从"澳大利亚旁边的一个小国"重新定位成"世界上最美丽的两个岛屿"；比利时从"去欧洲旅游的中转站"重新定位成"美丽的比利时，有五个阿姆斯特丹"等。目前，有些城市和景区因定位不当而导致生产力低下，出现了同质化现象，破坏独特文化价值的事时有发生……同样，我们每个人在社会中也一样面临竞争，所以也需要找到自己的独特定位。个人如何创建定位，详见"定位经典丛书"之《人生定位》⊖，它会教你在竞争中赢得雇主、上司、伙伴、心上人的优先选择。

定位客观存在

事实上，已不存在要不要定位的问题，而是要么你是在正确、精准地定位，要么你是在错误地定位，从而根据错误的定位配置企业资源。这一点与管理学刚兴起时，管理者并不知道自己的工作就是做管理非常类似。由于对定位功能客观存在缺乏"觉悟"，即缺乏自觉意识，企业常常在不自觉中破坏已有的成功定位，挥刀自戕的现象屡屡发生、层出不穷。当一个品牌破坏了已有的定位，或者企业运营没有遵循顾客心智中的定位来配置资源，不但造成顾客不接受新投入，反而会浪费企业巨大的资产，甚至使企业毁灭。读者可以从"定位经典丛书"中看到诸如 AT&T、DEC、通用汽车、米勒啤酒、施乐等案例，它们曾盛极一时，却因违背顾客心智中的定位而由盛转衰，成为惨痛教训。

⊖ 本书中文版已由机械工业出版社出版。

创造"心智资源"

企业最有价值的资源是什么？这个问题的答案是一直在变化的。100 年前，可能是土地、资本；40 年前，可能是人力资源、知识资源。现在，这些组织内部资源的重要性并没有消失，但其决定性的地位都要让位于组织外部的心智资源（占据一个定位）。没有心智资源的牵引，其他所有资源都只是成本。企业经营中最重大的战略决策就是要将所有资源集中起来抢占一个定位，使品牌成为顾客心智中定位的代名词，企业因此才能获得来自顾客心智中的选择力量。所以，这个代名词才是企业生生不息的大油田、大资源，借用德鲁克的用语，即开启了"心智力量战略"（mind power strategy）。股神巴菲特之所以几十年都持有可口可乐的股票，是因为可口可乐这个品牌本身的价值，可口可乐就是可乐的代名词。有人问巴菲特为什么一反"不碰高科技股"的原则而购买苹果的股票，巴菲特回答说，在我的孙子辈及其朋友的心智中，iPhone 的品牌已经是智能手机的代名词，我看重的不是市场份额，而是心智份额（大意，非原语）。对于巴菲特这样的长期投资者而言，企业强大的心智资源才是最重要的内在价值及"深深的护城河"。

衡量企业经营决定性绩效的方式也从传统的财务盈利与否，转向为占有心智资源（定位）与否。这也解释了为何互联网企业即使不盈利也能不断获得大笔投资，因为占有心智资源（定位）本身就是最大的成果。历史上，新生产工具的诞生，同时会导致新生产方式的产生，这种直取心智资源（定位）而不顾盈利的生产方式，是由新的生产工具带来的。这不只发生在互联网高科技产业，实践证明传统行业也完全适用。随着第三次生产力革命的深入，其他产业与非营利组织将全面沿用这一新的生产方式——第三次"更聪明地工作"。

伟大的愿景：从第三次生产力革命到第二次文艺复兴

第三次生产力革命将会对人类社会的"上层建筑"产生何种积极的影响，现在谈论显然为时尚早，也远非本文、本人能力所及。但对于正大步迈入现代化、全球化的中国而言，展望未来，其意义非同一般。我们毕竟错过了前面两次生产力爆炸的最佳时机，两次与巨大历史机遇擦肩而过（万幸的是，改革开放让中国赶上了这两次生产力浪潮的尾声），而第三次生产力浪潮中国却是与全球同步。甚至，种种迹象显示：中国很可能正走在第三次生产力浪潮的前头。继续保持并发展这一良好势头，中国大有希望。李泽厚先生在他的《文明的调停者——全球化进程中的中国文化定位》一文中写道：

注重现实生活、历史经验的中国深层文化特色，在缓和、解决全球化过程中的种种困难和问题，在调停执着于一神教义的各宗教、文化的对抗和冲突中，也许能起到某种积极作用。所以我曾说，与亨廷顿所说相反，中国文明也许能担任基督教文明与伊斯兰教文明冲突中的调停者。当然，这要到未来中国文化的物质力量有了巨大成长之后。

随着生产力的发展，中国物质力量的强大，中国将可能成为人类文明冲突的调停者。李泽厚先生还说：

中国将可能引发人类的第二次文艺复兴。第一次文艺复兴，是回到古希腊传统，其成果是将人从神的统治下解放出来，充分肯定人的感性存在。第二次文艺复兴将回到以孔子、庄子为核心的中国古典传统，其成果是将人从机器的统治下（物质机器与社会机器）解放出来，使人获得丰足的人性与温暖的人情。这也需要中国的生产力足够发展，经济力量足够强大才可能。

历史充满了偶然，历史的前进更往往是在悲剧中前行。李泽厚先生曾提出一个深刻的历史哲学：历史与伦理的二律背反。尽管历史与伦理二者都具价值，二者却总是矛盾背反、冲突不断，一方的前进总要以另一方的倒退为代价，特别是在历史的转型期更是如此。正是两次世界大战付出了惨重的伦理道德沦陷的巨大代价，才使人类发现了泰勒生产方式推动历史前进的巨大价值而对其全面采用。我们是否还会重演历史，只有付出巨大的代价与牺牲之后才能真正重视、了解定位的强大功用，从而引发第三次生产力革命的大爆发呢？德鲁克先生的实践证明，只要知识阶层肩负起对社会的担当、责任，我们完全可以避免世界大战的再次发生。在取得这一辉煌的管理成就之后，现在再次需要知识分子承担起应尽的责任，将目光与努力从组织内部转向组织外部，在顾客心智中确立定位，引领组织内部所有资源实现高效配置，为组织源源不断创造顾客。

现代化给人类创造了空前的生产力，也制造了与之偕来的种种问题。在超大型组织巨大的能力面前，每一家小企业、每一个渺小的个人，将如何安放自己，找到存在的家园？幸运的是，去中心化、分布式系统、网络社群等创新表明，人类似乎又一次为自己找到了进化的方向。在秦制统一大帝国之前，中华文明以血缘、家族为纽带的氏族部落体制曾经发展得非常充分，每个氏族有自己独特的观念体系："民为贵""以义合""合则留，不合则去"等。不妨大胆地想象，也许未来的社会，将在先进生产力的加持下，呈现为一种新的"氏族社会"，每个人、每个组织都有自己独特的定位，以各自的专长、兴趣和禀赋为纽带，逐群而居，"甘其食，美其服，安其居，乐其俗"，从而"各美其美，美人之美，美美与共，天下大同"。人类历史几千年的同质性、普遍性、必然性逐渐终结，每个个体的偶发性、差异性、独特性日趋重要，如李泽厚先生所言："个体积淀的差异性将成为未来世界的主题，这也许是乐观的人类的未来,即万紫千红百花齐放的个体独特性、差异性的全面实现。"在这个过程中,企业也将打破千篇一律的现状,成为千姿百态生活的创造者,生产力必然又一次飞跃。

人是目的,不是手段。这种丰富多彩、每个个体实现自己独特创造性的未来才是值得追求的。从第三次生产力革命到第二次文艺复兴,为中国的知识分子提供了一个创造人类新历史的伟大愿景。噫嘻!高山仰止,景行行止,壮哉伟哉,心向往之……

邓德隆

特劳特伙伴公司全球总裁

写于 2011 年 7 月

改于 2021 年 11 月

序

二

定位理论：中国制造向中国品牌成功转型的关键

POSITIONING

　　历史一再证明，越是革命性的思想，其价值被人们所认识越需要漫长的过程。

　　自1972年，美国最具影响力的营销杂志《广告时代》刊登"定位时代来临"系列文章，使定位理论正式进入世界营销舞台的中央，距今已40年。自1981年《定位》一书在美国正式出版，距今已经30年。自1991年《定位》首次在中国大陆出版（其时该书名叫《广告攻心战》）距今已经20年。然而，时至今日，中国企业对定位理论仍然知之甚少。

　　表面上，造成这种现状的原因与"定位理论"的出身有关，对于这样一个"舶来品"，很多人还未读几页就迫不及待地讨论所谓洋理论在中国市场"水土不服"的问题。根本原因在于定位所倡导的观念不仅与中国企业固有思维模式和观念存在巨大的冲突，也与中国企业的标杆——日韩企业的主流思维模式截然相反。由于具有地缘性的优势，以松下、索尼为代表的日韩企业经验一度被认为更适合中国企业。

　　从营销和战略的角度，我们把美国企业主流的经营哲学称为A（America）模式，把日本企业主流经营哲学称为J（Japan）模式。总体而言，A模式最为显著的特点就是聚焦，狭窄而深入；J模式则宽泛而浅显。简单讨论二者的孰优孰劣也许是仁者见仁的问题，很难有实质的结果，但如果比较这两种模式典型企业的长期赢利能力，则高下立现。

通过长期跟踪日本企业和美国企业的财务状况，我们发现，典型的J模式企业赢利状况都极其糟糕，以下是日本六大电子企业在1999～2009年10年间的营业数据：

日立销售收入84 200亿美元，亏损117亿美元；

松下销售收入7 340亿美元，亏损12亿美元；

索尼销售收入6 960亿美元，税后净利润80亿美元，销售净利润率为1.1%；

东芝销售收入5 630亿美元，税后净利润4亿美元；

富士通销售收入4 450亿美元，亏损19亿美元；

三洋销售收入2 020亿美元，亏损36亿美元。

中国企业普遍的榜样、日本最著名六大电子公司10年间的经营成果居然是亏损108亿美元，即使是利润率最高的索尼，也远低于银行的贷款利率（日本大企业全仰仗日本政府为刺激经济采取对大企业的高额贴息政策，资金成本极低，才得以维持）。与日本六大电子企业的亏损相对应的是，同期美国500强企业平均利润率高达5.4%，优劣一目了然。由此可见，从更宏观的层面看，日本经济长期低迷的根源远非糟糕的货币政策、金融资产泡沫破灭，而是J模式之下实体企业普遍糟糕的赢利水平。

定位理论正由于对美国企业的深远影响，成为"A模式背后的理论"。自诞生以来，定位理论经过四个重要的发展阶段。

20世纪70年代：定位的诞生。 "定位"最为重要的贡献是在营销史上指出：营销的竞争是一场关于心智的竞争，营销竞争的终极战场不是工厂也不是市场，而是心智。心智决定市场，也决定营销的成败。

20世纪80年代：营销战。 20世纪70年代末期，随着产品的同质化和市场竞争的加剧，艾·里斯和杰克·特劳特发现，企业很难仅通过满足客户需求的方式在营销中获得成功。而里斯早年的从军经历为他们的营销思想带来了启发：从竞争的极端形式——战争中寻找营销战略规律。（实际上，近代战略理论的思想大多源于军事领域，战略一词本身就是军事用语。）1985年，《商战》出版，被誉为营销界的"孙子兵法"，其提出的"防御战"、"进攻战"、"侧翼战"、"游击战"四种战略被全球著名商学院广泛采用。

20世纪90年代：聚焦。 20世纪80年代末，来自华尔街年复一年的增长压力，迫使美国的大企业纷纷走上多元化发展的道路，期望以增加产品线和服务的方式来实现销售和利润的增长。结果，IBM、通用汽车、GE等大企业纷纷陷入亏损的泥潭。企业如何获得和保持竞争力？艾·里斯以一个简单的自然现象给出了答案：太阳的能量为激光数十万倍，但由于分散，变成了人类的皮肤也可以享受的温暖阳光，激光则通过聚焦获得力量，轻松切割坚硬的钻石和钢板。企业和品牌要获得竞争力，唯有聚焦。

新世纪：开创新品类。 2004年，艾·里斯与劳拉·里斯的著作《品牌的起源》出版。书中指出：自然界为商业界提供了现成模型。品类是商业界的物种、是隐藏在品牌背后的关键力量，消费者"以品类来思考，以品牌来表达"，分化诞生新品类，进化提升新品类的竞争力量。他进一步指出，企业唯一的目的就是开创并主导新品类，苹果公司正是开创并主导新品类取得成功的最佳典范。

经过半个世纪以来不断的发展和完善，定位理论对美国企业以及全球企业产生了深远的影响，成为美国企业的成功之源，乃至美国国家竞争力的重要组成部分。

过去40年的实践同时证明，在不同文化、体制下，以"定位理论"为基础的A模式企业普遍具有良好的长期赢利能力和市场竞争力。

在欧洲，20世纪90年代初，诺基亚公司受"聚焦"思想影响，果断砍掉橡胶、造纸、彩电（当时诺基亚为欧洲第二大彩电品牌）等大部分业务，聚焦于手机品类，仅仅用了短短10年时间，就超越百年企业西门子成为欧洲第一大企业。（遗憾的是，诺基亚并未及时吸收定位理论发展的最新成果，把握分化趋势，在智能手机品类推出新品牌，如今陷入新的困境。）

在日本，三大汽车公司在全球范围内取得的成功，其关键正是在发挥日本企业在产品生产方面优势的同时学习了A模式的经验。以丰田为例，丰田长期聚焦于汽车领域，不断创新品类，并启用独立新品牌，先后创建了日本中级车代表丰田、日本豪华车代表雷克萨斯、年轻人的汽车品牌赛恩，最近又将混合动力汽车品牌普锐斯独立，这些基于新品类的独立品牌推动丰田成为全球最大的汽车企业。

同属电子行业的两家日本企业任天堂和索尼的例子更能说明问题。索尼具有更高的知名度和品牌影响力，但其业务分散，属于典型的J模式企业。任天堂则是典型的A模式企业：依靠聚焦于游戏机领域，开创了家庭游戏机品类。尽管任天堂的营业额只有索尼的十几分之一，但其利润率一直远超过索尼。以金融危机前夕的2007年为例，索尼销售收入704亿美元，利润率1.7%；任天堂销售收入43亿美元，利润率是22%。当年任天堂股票市值首次超过索尼，一度接近索尼市值的2倍，至今仍保持市值上的领先优势。

中国的情况同样如此。

中国家电企业普遍采取J模式发展，最后陷入行业性低迷，以海尔最具代表性。海尔以冰箱起家，在"满足顾客需求"理念的引导下，逐步进入黑电、IT、移动通信等数十个领域。根据海尔公布的营业数据估算，海尔的利润率基本在1%左右，难怪海尔的董事长张瑞敏感叹"海尔的利润像刀片一样薄"。与之相对应的是，家电企业中典型的A模式企业——格力，通过聚焦，在十几年的时间里由一家小企业发展成为中国最大的空调企业，并实现了5%~6%的利润率，与全球A模式企业的平均水平一致，成为中国家电企业中最赚钱的企业。

实际上，在中国市场，各个行业中发展势头良好、赢利能力稳定的企业和品牌几乎毫无例外都属于A模式，如家电企业中的格力、汽车企业中的长城、烟草品牌中的中华、白酒品牌中的茅台和洋河、啤酒中的雪花等。

当前，中国经济正处于极其艰难的转型时期，成败的关键从微观来看，取决于中国企业的经营模式能否实现从产品贸易向品牌经营转变，更进一步看，就是从当前普遍的J模式转向A模式。从这个意义上讲，对于A模式背后的理论——定位理论的学习，是中国企业和企业家们的必修课。

令人欣慰的是，经过20年来著作的传播以及早期实践企业的示范效应，越来越多的中国企业已经投入定位理论的学习和实践之中，并取得了卓越的成果，由此我们相信，假以时日，定位理论也必成为有史以来对中国营销影响最大的观念。如此，中国经济的成功转型，乃至中华民族的复兴都将成为可能。

张云

里斯伙伴中国公司总经理

2012年2月于上海陆家嘴

再也不会有什么大哥来照顾你了。

曾经，我们愿意把自己的一生都托付给某家大企业。企业也会培训你、栽培你，把你扶上通往顶峰的阶梯。在这个阶梯上你能爬多高，取决于你在工作上有多努力。生活就这么简单明了，人生尽在掌握之中。

只要不犯大错误，你就可以成功地工作到光荣退休。用不着过多地担心自己的事业，企业会打点你的一切。机会对所有员工一视同仁，谁工作最卖力，谁就能往上升。勤勉、耐心和忠诚是至高无上的职场美德。

可惜，这一切都已是明日黄花。

今天的世界，激烈竞争无所不在、企业重组和兼并已是司空见惯，再也不能依赖企业的照顾了，企业甚至连它自己能存在多久都不清楚。你只能自己照顾自己。

新的时代已经来临，竞争的风暴席卷了整个商业界。现在，企业的竞争范围是在全世界，任何错误都将导致惨痛的代价。

不仅如此，唯利是图者、绿票讹诈者粉墨登场，开始"重组"企业化的美国。

各家企业开始尽可能地缩减人事规模。"精"与"简"成为当下最时髦的字眼。面对企业接管或并购带来的不测风云，没有人能保证自己可以高枕无忧。

企业重组的狂潮或许可以稍加说明员工抑郁症的症结所在。在最近的调查中，受访高管中有51%的人表示，自己的企业在过去的一两年里已经更换了高级管理层，重新安排了工作，就连那扇声名狼藉的旋转门（美国联邦政府）每四年也要旋转一次。

问题的底线在于：不能再指望企业来照料自己了。当年的老大哥正在为自己生存下去而忙得焦头烂额。今日世界，要想取得成功，你必须把自己看做一个产品，而不仅是一个员工。你的事业要掌握在自己的手里，而不是听任那些友善的人力资源主管的摆布。

终身受聘于某家企业已经不再现实。如今的大学毕业生在离开学校的头10年里，平均的跳槽次数达3次之多。事实上，人们看不起一辈子只为一家企业工作的人，称他们只会"在一棵树上吊死"。

作为市场营销战略的专业研究人员，我们已经对这个跌宕起伏的时代做过观察、研究和描绘。对公司化美国的了解越深入，我们就越发意识到：传统上成功的关键因素今天已经不再适用。

更努力地工作、更坚定地相信自己、更积极地思维，单凭这些，都不能让你攀上成功的阶梯。实际上，成功根本不是某种你能自发产生的结果。成功的关键是你能从别人那里获得什么。

本书的主题就是如何借助外力取得成功。实际上，你必须走出去，去推销自己。

　　不过，首先要说明的是，这并不是一本规划手册。这里没有各种表格，没有心理方面的练习，也没有对未来热门行业的预测。

　　本书旨在让你别再一味地把重心放在自己身上。我们认为，你必须面向外部世界敞开你的胸怀，你必须从自身因素之外去寻找成功的道路。书中描绘了许多人物、场景、事件和创意，就是为了让你找到成功所在。

　　失败者是那些只关注自己、认为成功的全部要素都在自己身上的人。其实，成功就在他们的身边，他们需要的只是敞开胸怀、擦亮眼睛。

　　胜利者通过善用他人而获取自己的成功。想要成功，你必须知道该看哪里、该找什么。

　　祝君好运。

POSITIONING

第 1 章

你错了，诺曼·文森特先生

什么是成功的准则，诺曼·文森特·皮尔（Norman Vincent Peale）牧师在《积极思考的力量》（*The Power of Positive Thinking*）一书中给出了答案，其影响至今仍无出其右者。

"首先，你要想象一下自己成功后是什么样子，然后，你要牢牢记住它，把它刻在心里。"皮尔博士说，"永远记住你成功的画面，永远不要让它在你的心中褪色。潜意识中，你将努力向你刻画的方向发展。"

如果你相信诺曼·文森特·皮尔的观点，你会成为想象中的那个人。如同罗伯特·舒勒（Robert Schuller）宣称的那样："改变你的想法，你就能改变你的世界。" 换言之，释放你内在的力量。

但是，**只要自信就真的能成功吗？** 我们不敢苟同。**在我们看来，要获得真正成功的人生，关键在于相信他人。** 也就是说，你得找到一匹可以驾驭的好马。

如果你关注自己，你就只有一次机会赢得比赛。如果你开阔眼界，把他人也纳入你的关注之中，那么你的胜算将大大提高。如果能更进一步扩大视野，你将会发现更多的机会，产品、创意、天时地利、公众知名度——这么多的骏马都能帮你赢得比赛。为什么还要把注意力集中在自己身上呢，毕竟单凭自己，你只能有一次获胜的机会。敞开你的胸怀，你就能拥有成千上万的机会去博取成功。

自信心成功理论

照照镜子，问问自己："我真的相信镜子里的这个家伙吗？"

大多数专家认为你并不相信他。正是由于这个原因，关于积极思考的力量的书才能大行其道，数不胜数。

康尼·帕拉迪诺（Connie Palladino）博士的《相信自己成就事业指南》（*The Believe in Yourself and Make It Happen Guide*）就是一个典型。作为事业发展顾问，帕拉迪诺博士指出："我们的工资单是一份记录表，它反映我们如何看待自己、我们对自己的感觉如何。"

洛杉矶作家戴夫·格兰特（Dave Grant）坚称："你的薪水是多少，你就会觉得自己值多少。它是由你的自我价值和自尊心决定的。"（嗨，麦格劳－希尔，那我们得把这本书定价 100 美元才行!）

这些专家也好，别的专家也罢，他们注意到的是现代人日益膨胀的自我意识与物质成功之间所具有的强烈关联性。

表面上看，成功与自信的关系好像是个先有鸡还是先有蛋的问题，困难在于你只能选一个答案。实际上，这里有两个答案。

是自信让你获得成功吗？还是成功让你拥有自信呢？

我们认为两个问题的答案均为"是"，但这两者之间有着极大区别。提高自信心是非常困难的，有时是明知不可为而为之。的确有那么一些人，自我意识活跃，自信心爆棚，但他们大都是天生如此。唐纳德·特朗普（Donald Trump）去找诺曼·文森特·皮尔是为了结婚，而不是为了给自己打气，提升自信。

相反，自我怀疑论者要么是生来如此，要么是受幼年时不安全感的影响所致。典型的抑郁症精神疾病或许就是自我怀疑的一种夸大的形式（试着告诉那些抑郁的人，要想恢复，他们所能做的就是增强自信心）。

一般而言，你生来就具有一个CQ值和一个IQ值——即自信心商数和智力商数。不管你怎么努力，对于提高这两个商数都是作用有限的。

当然，无论如何，只要有可能，你就应该让自己更加自信。不过，最好采取较为容易的方法。让我们先取得成功，然后让成功来提振自信。

设定目标的成功理论

培养自信之后就得设定目标了。研读一下自助类书籍，你就会发现，如果没有目标，你是无法获得成功的。你要从设定人生目标开始，然后再设定今后的5年目标、10年目标、15年目标等。

但是看看现实，你就开始产生疑惑了。假设你的目标是要做一家电脑公司的首席执行官，你会在一家可乐公司度过你职业生涯的头16年吗？或许不会吧。然而，这正是苹果公司前总裁约翰·斯卡利（John Sculley）所做的。

反过来也是同样道理。如果你想拥有一家比萨连锁店，你会从电脑业开始、最后在贝氏堡公司担任副总裁吗？这正是教父比萨连锁店（Godfather's Pizza）的总裁赫尔曼·凯恩（Herman Cain）所做的。

如果你想在41岁的时候当上美国的副总统，你的大学四年会耗费在喝啤酒、打高尔夫球上，最后换来一堆C和D的成绩吗？丹·奎尔（Dan Quayle）就是这么做的。

丹·奎尔的祖母曾经对他说："只要你付出足够的努力，没有你办不成的事。"

错了。并不是丹·奎尔让自己在41岁时当上美国副总统的，让他登上这个宝座的是乔治·布什（George Bush）。

在这个崇尚民主、平等的社会，人们早已淡忘了成功之路曾经的经典诠释：**重要的不是你知道什么事，而是你认识什么人。**

也许你会觉得，对管理国家、管理企业来说，这是一种可怕的方法。不错，我们也这么认为。它也许的确很可怕，但同时它很经典。

在制定目标时，假设单凭一己之力就能实现的情况非常罕见。任何人也无法单凭自己的努力就登上天堂，他还需要上帝的小小帮助。

在为自己制定目标的同时，你也给自己带上了"眼罩"，你会忽略"主目标"之外的各种机会。**一旦被设定的目标框死，你将看不到毕生难遇的良机，从而与机会擦肩而过。你患上了"隧道视觉症"。**

这种情况是大多数人都难以避免的。如果说在自我营销方面有什么错误是带有普遍性的话，那就是一旦制定了个人目标并为之努力的时候，我们却会忽视其他的可能性。

当你为自己制定目标时，你还把人生中最神秘、最激动人心的东西摒弃了。毕加索（Pablo Picasso）说："一旦你真的弄清楚了什么是自己渴望的，那你这辈子充其量也就只能获得这么多了。"

在制定目标的时候，我们通常忘记其他人也有自己的目标。如果人人都希望成为山中之王，那这座山不就太挤了吗。也许我们可以换个目标，比如山谷之王，怎么样？

根据《花花公子》（*Playboy*）杂志的统计，41%的美国家长希望自己的孩子成为美国总统。而美国大约有8 000万个家庭，如果平均每个家庭有2个孩子，这样就有6 500多万名孩子把华盛顿锁定为自己的目标了。

不如换个目标试试。

让我们对成功保持开放的心态，不要只为自己锁定一个目标。对大多数人来说，未来可能比他们想象的更加激动人心、更加绚丽多彩、更加令人满意。

"我根本不知道自己想要去哪里。"长岛波特莱奇预备学校1989届的毕业生丹尼尔·理查德·库珀曼（Daniel Richard Cooperman）说："我就想迫不及待地踏上旅程。"

其实，即便你真的能赶到那里，那也绝不可能是一条笔直的坦途。罗斯·佩罗（Ross Perot）说过："人生就像一张蜘蛛网，各条网线以奇妙的角度交叉。能否成功并不取决于你的计划，特别是商学院教的那种所谓的5年战略计划，制订得有多完美。面对各种意想不到的机遇，你会做出什么样的反应，这才更有决定意义。"

汤姆·彼得斯（Tom Peters）就是这样想的："**我压根儿就不喜欢职业规划的概念。人生没有什么公式，我也从来没有所谓的人生规划。运气出现了，我把握住了，这就足够了。**"他补充道："一笔交易的成功，98%靠的是运气。"

罗斯·佩罗和汤姆·彼得斯都是提倡打破旧习的人。对传统思想，他们毫不留情，大加鞭笞。而大多数人一旦达到事业的巅峰，就会掩饰自己成功的轨迹。他们从不认为成功乃运气使然，也不把成功归结于天时地利。相反，他们认为努力工作、设定目标、相信自己才是成功之王道。

他们不想让你知道他们是如何成功的，保持神秘会让他们觉得高人一等、与众不同。如果你听到老板又在那里滔滔不绝地说什么企业里蕴涵着各种良机，它们都是为那些有能力、肯吃苦的人准备的，你不妨默念十遍"丹·奎尔"，这样才能保持清醒的头脑，认清攀上成功阶梯的真正途径。

POSITIONING

第 2 章

嘿，老爸，给我 5 000万美元怎么样

已故拳击手舒格·雷·罗宾逊（Suger Ray Robinson）生前体重 140 多斤，他是他那个年代全世界最伟大的拳王。

43 岁那年，唐纳德·特朗普成为全球年度最成功人士（当然，44 岁那年，他又回到了原点）。

唐纳德聪明机智、进取心强、风度翩翩。事实上，要在商界出人头地所必备的素质在他身上都可以找到。读一读他撰写的《交易的艺术》（*The Art of the Deal*），你就会知道此言不虚。

但是特朗普的书中漏掉了一点，就是他人生道路上那个不成则败的关键时刻。他跑去求助父亲弗雷德·特朗普："嘿，老爸，给我 5 000 万美元怎么样？"

这才是这本著作的要旨。**你是否聪明机智、进取心强、风度翩翩，这都无关紧要。不要只盯着自己，你要看看外面，找到一匹好马，你的人生将会精彩纷呈。**

即使在唐纳德·特朗普阔步迈向事业的巅峰之后，他也从未忘记过自己成功的秘诀。在建造自己的杰作特朗普摩天大楼时，他没有忘记请求："嘿，纽约，给我减免 5 000 万美元的税款如何？"

后来，当他的帝国面临崩溃时，唐纳德毫不犹豫地去找银行："嘿，花旗银行，再贷个 6 500 万美元如何？"

已故的马尔科姆·福布斯（Malcolm Forbes）在谈及自己的成功之道时说："如果你能找一个企业家做爸爸，并且保证他在查账时没有被你气得发疯，那么这条通往成功之巅的道路比你能够想到的任何其他途径都要稳妥。"

马尔科姆的父亲过去常说："儿子，你知道 100 个问题中 99 个问题的答案是什么吗？是钱啊。"

当然，大多数人都不像马尔科姆·福布斯和唐纳德·特朗普那样，含着金汤匙出生。或许你没有富爸爸和富妈妈可以求助，没关系，这个原则同样适用：**要想获得人生的巨大成功，你必须找到一匹可以驾驭的好马。**

我要自己做

唐纳德·特朗普原本可以轻飘飘地说："我想去闯天下，我要向自己证明，我可以成为一个大人物。我不需要老爸的钱，也不需要他的贷款。"

这很正常，你每天都会听到有人这么说，尤其是小孩子和青少年。"我要自己做！"大凡有孩子的家庭，每天都会冒出这句话来。

有些人永远长不大，他们力争获得外在的成功，总想以此来证明自己的聪明与能干。

利用外在的成功来安抚自己内心的不安全感，这是人类常有的一种心态。这种心态也解释了为什么大多数企业里都有一群工作狂。他们对其他人的依靠越少，就越能证明自己是真正成功的人。

人都是以自我为中心的。英语中最常说的是哪个词？你猜对了，就是"我"（I）这个词。除此之外，第二、第三和第四高频词分别是"我"（me）、"我的"（my）和"我的"（mine）。

"你"（you）和"你的"（yours）这两个词连前20名都进不了。

这颇具讽刺意味。**人们在本应借助外力的时候，却要自己做。**

但是只靠自己是不可能获得成功的，是其他人使得你成功。因此，你必须重点关注他人，而不是自己。

"我怎么才能去卡内基音乐厅？"游客问嬉皮士。"练习，兄弟，要练习。"嬉皮士答道。

我们的建议正好相反：叫辆出租车吧。

善用生活中的不利因素

唐纳德·特朗普有幸出生在富裕的家庭，他利用了自己的好运。你也可以利用自己的厄运。

越战结束后，罗恩·科维克（Ron Kovic）坐着轮椅回到了家。不管他曾经制定过什么人生目标，这些目标都留在了东南亚的丛林深处。

科维克曾在1972 年的共和党全国大会上抗议越战，因此名扬全美。在他撰写的《生于七月四日》（*Born on the Fourth of July*）一书出版之后，1976 年，科维克在民主党全国大会上发言，并于1988 年成为民主党的代表。

后来，根据他的书拍摄了一部成功的电影，剧本是由他与奥利弗·斯通（Oliver Stone）导演共同撰写的。

"我真觉得自己是地球上最幸运的一个人。"罗恩·科维克说，"我希望自己能过上有意义的生活，而不只是被人看成一个倒霉的伤兵、一个可怜虫。我始终希望我的想法能够感染更多的人。"

什么是成功

"我们在地球上的处境真是不可思议！"爱因斯坦（Albert Einstein）说，"每个人都是为了一趟短暂的旅程而来，不知道是为了什么，不过有时似乎想追寻某种目的。"

有些人希望成名成家。他们想要个头衔（比如医生、律师、牙医）以便拥有炫耀的资本。还有些人希望做点什么，他们想把一生的精华铸成一番事业。

我们赞成后者的想法。我们钦佩像罗恩·科维克这样的人，他们希望自己具有一定的影响力，希望在自己的时代里留下足印。

不管成功是什么，大多数人都想获得成功。最近，安永会计师事务所和杨克罗维奇－克兰西－舒尔曼公司联合发起了一项针对富裕美国人的调查，结果发现，2/3 的受访者认为成功"非常重要"，这些人的平均年薪为 17.6 万美元（只有14%的人认为自己"非常富裕"）。

什么是成功？你希望成功是什么它就是什么：金钱、权力、地位、认可。 成功可以是市政厅，也可以是卡内基音乐厅；成功可以是首席执行官，也可以是首席财务官或首席信息官。

成功不是相互排斥的。你不必苦苦追寻一个又一个目标，金钱、权力、地位、认可、幸福和友情常常结伴而来。

但是凡事都要适度，不要让成功冲昏了头脑，导致自我意识膨胀。过分痴迷于成功，就会欲壑难填，再多的钱财、再高的地位也无法让你满足。你总想再有一块劳力士手表或者再有一辆宝马汽车，才会感到快乐。

要正确看待各种事情。其实，**如果你能把成功看做别人为你所做的事，而不是你为自己所做的事，你就不太可能陷入追逐成功的不安之中。**

运用本书所阐述的原则，你还能够获得良好的心态。"强为"的理念再也不会成为你的禁锢。没有人能够让你成功，但是其他人的所作所为能够助你成功。教皇不是他自己推选出来的，董事会主席也不是他自己任命的。

如果你觉得这样看待人生这场游戏堪称冷酷、愚钝、阴谋，那么你的感觉没错。

冷酷、愚钝、阴谋，但却有效。

POSITIONING

第 3 章

高风险赛马

你的个人营销策略是什么？具体来说，你计划如何在人生的阶梯上不断攀升？

如果你从自己做起，注重树立自信心，那么你就在假定成功来自于内心的自己。想要获得成功，你只能勤奋努力地工作。

如果人生是一场赛马，你一定是在骑着你自己。你就是一匹平庸、不愿合作、无法预知的马。然而，人们总想驾驭这匹马，只是鲜有人能够成功。

不管是在商界还是政坛，抑或在你的人生路上，确有可能仅凭单打独斗而闯出一片天下。但这绝非易事，想这样做的人也多半是有勇无谋之徒。

商务和生活一样也是一种社会活动，合作与竞争并存。政府工作也好，社会工作也罢，不管你从事的是哪个行业，也都大抵如此。

以销售为例，只有你一个人是不可能做成买卖的，必须得有另一个人购买你所推销的东西。

请你谨记，赛马场上获胜次数最多的骑师不一定体重最轻、头脑最好或者体能最强。最好的骑师未必能赢得比赛，而能赢得比赛的骑师通常都拥有最好的赛马。

首先，我们来给赛马设置障碍，从高风险赛马开始。为什么要从高风险赛马开始呢？因为它们恰恰是人们骑得最多的马匹。

它们也是最难对付、胜率最小的马匹（正如新手不久就会认识到的，在赛马场上只挑高风险赛马下注，输钱是最快的）。

当我们估算赔率时，其实不是在估算回报，而是在估算成为大赢家的可能性，也就是按照你自己决定的条件获得成功的可能性。可惜高风险赛马的回报一点也不比低风险低赔率赛马高，在它身上下注只会更难取胜。

努力型赛马：100∶1

最大的高风险赛马就是你自己。在这本书中，我们估算的赔率为100∶1。

如果你的个人营销策略是完全依靠自身的才干和能力，对外部环境视而不见，那么你的坐骑就是你自己。

这是一个棘手的问题。通常来说，你会落在后面，然后你便开始鞭打自己。

所谓鞭打自己，换一种说法就是"努力工作"。如果其他人每天工作7个小时，你会工作8个小时。如果其他人每天工作8个小时，你就会干上9小时（周末还要加点班）。

你了解这种模式。大多数人都非常乐意多花点时间工作，因为他们相信只有这样才能超越他人。斯迪凯思（Steelcase）办公家具公司最近做了一次调查，结果显示，49%的办公室员工表示他们已经工作到了极限。

我们提醒你注意，不是更加努力地工作，而是"工作到了极限"。在职场竞赛中，这样的鞭打实属常见。

按理说，随着机器人、计算机和自动化的应用，我们的工作时间应该更少，休闲时间应该更多。但是去卖卖高尔夫球杆试试，你根本就卖不动。根据路易斯－哈里斯公司（Louis Harris and Associates）的调查，与1973年相比，如今美国人平均每周的工作时间多了 20%，而闲暇时间则少了 32%。

管理者甚至要工作更长的时间。根据休斯敦美国生产与质量中心的调查，65%的高层管理者每周的工作时间超过50个小时。

高层管理者是工作最努力的人。根据《华尔街日报》（*Wall Street Journal*）的调查，他们当中有88%的人每天工作10多个小时，18%的人每天工作超过 12 个小时。

要是在以前，只要你努力工作，老板就会注意到你："有个人应当提拔一下。"既然每个人都工作得很努力，要想引起注意，你不妨下午5点就下班，然后告诉所有人：你的效率很高，用不着加班了。

骑着努力型赛马的人通常在一开始的时候就每周额外工作一两个小时，然后慢慢加量。**如果加班没有带来晋升，也没有赢得表彰，他们就会拿出鞭子，更加用力地抽打自己。过不了多久，他们就会觉得疲惫不堪了。**

在现实生活中，他们可能被一群马甩得很远，几乎没有任何机会赢得比赛。然而，他们还是不断地鞭打这匹努力型赛马，仿佛这是他们名利双收的唯一希望。

如果你采取的方法没有奏效，你就得换一种方法，这是市场营销的一个基本原则。当你还骑着这匹努力型赛马不顾一切地参加竞选时，是很难"吁——"的一声让马停下的，继续越来越努力地工作反倒容易得多。

那些试图通过更加努力地工作扭转败局的人尤其招人怜悯。在挽救东方航空公司（Eastern Airlines）时，谁都没有弗兰克·博尔曼（Frank Borman）卖力，可是他的一切努力都是枉然。

"如果一开始你没有成功，不妨再试一次。"W. C. 菲尔兹（W.C. Fields）说，"然后放弃，一个劲儿傻傻地在那里纠结是一点用都没有的。"我们与菲尔兹的意见一致。

但是，不都说成功人士往往会努力工作吗？是的，他们确实如此。不过，这并不等于说努力工作的人往往就能获得成功。

事实是，你在人生的阶梯上爬得越高，就越觉得工作有趣。更加努力地工作并不能让你爬到最高层，然而当你确实到了登峰造极的地步，你或许就想稍微多花点时间享受生活，享受一掷千金的生活。

如果你还没有到达顶峰，仍然只是TGIM（Thank God It's Monday，感谢上帝，今天是星期一）俱乐部的一员，那么你或许会想着改变自己的习惯。更加努力地工作会使你头晕脑胀，还会让你犯错误。"别人11个小时的活，我差不多10个小时就可以干完。"有人曾经说过这话。如果你工作的时间太长，往往会犯更多的错误。结果，为了纠正错误，又不得不赔上更多的时间。仅仅因为你在一个项目上花的时间比较多，并不一定表示你完成得更加出色。**在建筑中，少常常就是多，在工作中也是如此。**

有些企业终于开始认识到加班这一问题。虽然它们还没有5点以后的检查工作，但它们正在清楚地表达自己的主张。

通用电气的董事长杰克·韦尔奇（Jack Welch）是个强硬派，他尤其反对很多管理者推行的"只工作不玩耍"的做法。杰克说："如果有人跟我说'我每周工作90个小时'我就会说'那你可大错特错了。我周末会去滑雪，周五则与朋友出去玩儿，参加晚会。你也得这么做，不然你就亏大了。列出20件让你工作90个小时的事情，其中有10件肯定毫无意义'。"

这也是克里斯·惠特尔（Chris Whittle）的想法。克里斯是价值1.85亿美元的惠特尔通讯公司（Whittle Communications）的首席执行官，公司位于田纳西州的诺克斯维尔。（1988 年，他把公司一半的股份卖给了时代公司，获得了 1.85 亿美元。）

"企业家们工作得太努力了。"克里斯·惠特尔说，"我二三十岁的时候，把大部分时光都浪费在了毫无必要、完全神经质似的工作中了。我陷入了拼命加码、努力工作、'生命不息、工作不止'的企业家神话中无法自拔。那是一种极具破坏性的态度，根本没有必要。那种心态不够健康。你不用那么做，一样可以成为成功的企业家。"

惠特尔素有"点子大王"的名声，他制作的一档面向中学生的电视节目《第一频道》（Channel One）一度引起了巨大轰动。他把新闻（和广告）带进了教室。他还创办了《特别报道》（*Special Reports*）杂志，该杂志以铜版纸印制，免费赠送给医生，供他们放在候诊室中。

努力工作加上一匹骏马，将令你的人生应有尽有。努力工作只是一个选项而已。

智商型赛马：75∶1

在奶制品中，奶油会浮上顶层。在日常生活中，却不见得如此。

在企业这个瓶子里，最上面一层却大多是牛奶。如果你给《财富》500强企业的各位首席执行官测一下智商，一定会大为震惊，任何像样一点的社区学院的教授的智商都会比他们高。

当然，我们并不是在批评这些企业的董事会，选出这些人来当首席执行官。智力是一把"双刃剑"。智力不足，你连企业的案头工作都应付不了，比如写备忘录、安排行程、填报账单。智力过剩，你又会脱离实际，和一个心不在焉的教授并无二致。

高层管理者的智商水平属于中等。正如一位大学校长对教职工所说的："要善待你的A等生，将来他们会回来，做你的同事，但更要善待你的那些B等生和C等生，将来他们会回来，给我们新添一个礼堂和一栋科研大楼。"

施乐公司（Xerox）的前董事长彼得·麦格拉（Peter McColough）对他们哈佛商学院1949届也表达了同样的观点："个人的成就与班级的名次正好相反，尖子生干得并不是那么好，成绩中等的人干得很好，得分最高的那些人在成就方面往往只是中等。"

如果你相信高分是成功的关键，那么你一定要去参加高中同学毕业25年后的聚会。学业上的成功与事业上的成功彼此并无多大的关联。

智力与成功并无太大的关联，有一个原因就是：越聪明的人越会依靠自己。毕竟，他们无所不知，他们依靠自己获得成功。但那是一匹高风险赛马。

不太聪明的人知道自己不够聪明。因此，他们更有可能寻找他人，帮助自己爬上梯子。

聪明没有什么不对。如果你能坚持自己的观点，聪明一些也无妨。不过，要另找一匹马来骑。

教育型赛马：60：1

和智商相关的是教育问题。你应该依靠教育这匹马带你登上巅峰吗？

不错，教育型赛马在冲出起跑线时的表现尤为突出。我们认为你应该设法上名牌大学，比如哈佛大学、普林斯顿大学、耶鲁大学、杜克大学、斯坦福大学或者西北大学。在这些地方学到的东西并不会比你在本地州立大学学到的多，但是你会得到一个金字招牌，包你打通大多数企业的招聘部门。

单凭大学学历已经帮不了你太多了。今天，在美国的劳动大军中，大学毕业生约占25%，这个比例是全世界最高的。而且，大学毕业生的比例还在持续上升。如今，59%的高中毕业生都能上大学。

大学学历变得更加普遍，名牌大学的含金量也随之增加。所以常青藤大学成为未来首席执行官的主要来源地。最近一次《财富》500强企业的调查显示，近19%的现任首席执行官拥有常青藤大学的学位。

但是，不要因为有了学位就忘乎所以。"这个世界上有的是受过教育的窝囊废。"雷·克罗克说。他带着一帮人，其中没几个大学生（他本人也不是）创建了麦当劳。即使是今天，麦当劳也有一半以上的管理人员从来没有获得过大学文凭。

要记住，教育型赛马的作用是让你进入比赛。仅凭学历不大可能让你的马跑得更快。

在驾驭教育型赛马的时候要小心谨慎。在常青藤大学的礼堂里，你可能会轻易丢掉你最宝贵的东西。正如老话所说的："常识生而有之，学习令你弃之。"

而且，在很多大企业里，你绝不可能靠着炫耀自己的高等学历就升上顶层。尤其是那些大型企业，博士都分在研究部门，情况就更是如此。

小约翰·弗朗西斯·韦尔奇（John Francis Welch）博士能成为1988年销售额达近500亿美元的美国第五大工业公司的首席执行官，凭借的并不是他的博士头衔。相反，他隐瞒了自己的博士头衔，去掉了名字中的"小"字，给自己起了一个更加大众化的名字——杰克。

企业型赛马：50∶1

这在以前可是好马。一个即将毕业的大学生会在校园里与很多大企业面谈，而且很有希望拿到一堆录用通知书。一般来说，你会挑一家最大的企业，或者起薪最高的企业，最好是二者兼顾。

过去，一旦做出决定，你的余生就算确定下来了，从此不断地向前走、往上升，最后成为首席执行官可能也是情理之中的事。

如今再也不会有此番情景了。在大多数企业里，高层管理者的升迁之路迂回曲折，比一份意大利面还有过之而无不及。个人营销领域中，能力大概是最不重要的因素了。

对你来说，企业（尤其是大企业）或许代表不了多么美好的未来，但进大企业还是大有裨益的。**著名的大企业是你职业生涯非常好的起点，只要它是一家合适的大企业。**

今天，那些时髦的雅皮士通常都从精心挑选的名牌大学毕业（希望是哈佛），他们会穿着精心挑选的名牌衣服（肯定是拉夫·劳伦·保罗），驾驶着精心挑选的名车（当然是宝马），喝着精心挑选的名酒，然后在一家谁都没听说过的企业里打工。

要是问他们为什么会这样，那位在其他方面都很时髦的雅皮士就会说："他们给我开的条件最好。"

金钱不是衡量潜在工作的最佳标准。肯尼迪错了。**不要问你能为企业做些什么，要问企业能为你做些什么。**

为什么你会以为垃圾债券支付的利率最高？原因是一样的，垃圾企业支付的薪水最高。

要注意商业世界里的那些垃圾企业，它们不仅不会为你做任何事，而且常常会对你长期的职业生涯造成永久性损害。

不管你多么聪慧敏锐，把注压在一个输家身上是永远得不到回报的。 泰坦尼克上最优秀的官员到最后也要与最没用的人待在同一条救生艇里，前提是他要足够幸运，没有掉进水里。

要特别注意的是那些开始失去光泽的蓝筹股。通用电气、IBM、施乐，这些企业一度如日中天，现在却已黯然失色。如何分辨这些企业其实比我们想象的容易得多，有些企业已经衰退了十多年。

没有哪家企业是在一夜之间垮掉的。就算是泰坦尼克号，撞上冰山之后，仍然在水面上漂浮了 3 个小时。

要想慧眼识别一个长期的输家，未必需要财务或者营销方面的天才。像西联国际(Western Union)这样的公司，多年前就没有救生艇靠近了。纽约中央（New York Central）破产之前10年甚至更长时间，其股票一直下跌。

但是，很多前途远大的员工并不想去看这些危险信号，他们的自负始终遮蔽了他们的理智。败局已定的企业不仅支付的薪水更高，似乎也愿意提供更多的机会。"我可以成为英雄。"新员工这么想，"我可以帮助企业扭转乾坤。"

根据我们最近一次的统计，IBM 拥有387 112名员工。你觉得第 387 113 名员工会令这一切改观吗？

任何规则都有例外。克莱斯勒公司（Chrysler Corporation）在1978年李·艾柯卡（Lee Iacocca）就任时拥有15万名员工。但是，艾柯卡是以总裁身份加盟公司的，其使命是帮助公司扭亏为盈。所以，**如果有人竭力推荐你加盟一个输家，那么一定要给你一个实权职务，而且公司董事会要做出明确的承诺来进行变革。**

要及早骑上企业型赛马。第二次世界大战期间，应征入伍的头10名美国士兵中，有4人最后当上了军官，而最后10名入伍的人当中却1个军官也没有。

在苹果、数字设备（Digital Equipment）和施乐这样的公司里，其早期员工中的百万富翁大有人在，后来加盟的人则收获甚少。

怎样才能识别一家尚在襁褓中的大型企业呢？你不要识别，你要寻找另一个看似有前途的人、产品或者创意。

你会在后面几章中找到这些马，我们会更加详细地描绘它们。

POSITIONING

第 4 章

中等风险赛马

中等风险赌注和高风险赌注有什么区别呢？

高风险赌注的依据是找到你的某些内在东西。中等风险赌注的依据也是利用你的某些内在东西，但又有所区别。你必须将这个概念与其他人联系起来。

才华型赛马：25：1

如果你生来就是个天才会怎么样？如果你是个天生的艺术家、作家或音乐家又会怎么样呢？

那你的运气不错，你会需要它的。"有多少花儿争艳吐芳无人得知，只让清香在沙漠中白白浪费。"托马斯·格雷（Thomas Gray）写道。

1750年，格雷在一个乡村葡萄园里写下这些诗句，从那以后，有多少才华横溢的花朵在无情的现实世界中枯萎凋谢。**要想成为创意达人，你需要的不仅仅是才华，还需要人们的认可。**

如何让别人认可你的天分呢？如果你是艺术家，你需要画廊来认可你的天分；如果你是作家，你需要出版商来认可你的天分；如果你是音乐家，你需要的是唱片公司。

简言之，你需要其他人的认可，他们能够让你获得成功。你需要骑一匹好马。

我们的忠告是，你要尽量多寻找、多接触各种画廊、出版商和唱片公司。同时谨记，你不必讨好所有的人，你只需要有一匹可以驾驭的好马。

保罗·麦卡特尼（Paul McCartney）在他的家乡利物浦没能通过教堂唱诗班的试唱。布莱恩·爱普斯坦（Brian Epstein）才是麦卡特尼大获成功的关键所在，爱普斯坦创建了披头士乐队，他常常违反队员的意愿，但最终将他们塑造成一个世界级乐队组合。

今非昔比。如今，保罗·麦卡特尼正在创作一个小时的大合唱，你会相信吗，请他创作的正是利物浦教堂唱诗班。

约翰·列侬（John Lennon）是他那一代人中最具影响力的词作者。他送给从小养育他的姑妈一块金匾，上面刻着她常说的话："你永远不可能靠弹那把吉他谋生。"如果不是布莱恩·爱普斯坦，列侬可能永远都无法靠弹吉他谋生。

如果你天生就具有创造性才能，那你不妨问问自己："布莱恩，你在哪里？"

创造性人才同样必须学会如何聆听观众的心声。观众希望他们怎样，他们就得去适应，而不是让观众来适应你。

有一位年轻歌手，他天生一副美妙的高音（上过很多歌唱课程而得以提高）。家里的亲戚对他颇为钦佩，有人便让他为亲戚们表演《完美一天的终结》（*The End of a Perfect Day*）。结果在那次家庭聚会中，他把自己青少年的嗓音唱破了，就在那时，他发现自己具有搞笑的天分。这个由歌手变成喜剧演员的人就是鲍伯·霍普（Bob Hope）。

目标型的人会说："我不会让这件小事阻止我成为一名专业歌手。"努力工作型的人会说："我还得多多练习。"

意外事故在所难免，成功的人会加以利用，失败的人通常只关

注自身内部的因素，他们不会倾听。

还有一位著名的喜剧演员，他最初的职业生涯是从音乐开始的。杰克·本尼（Jack Benny）学过小提琴，希望成为一位演奏家。起初，他在综艺节目中表演小提琴，后来才转为单人喜剧表演。

当具有创造性的人取得成功后，他们往往会抵制再演同一类角色。他们想要随心所欲地尝试很多不同的事情。电影明星希望在很多不同的电影（从喜剧到悲剧）中担任主角，歌手希望演唱很多风格迥异的歌曲，作家希望撰写各类文章、书籍、剧本，等等。不论男女都想成为博学多才的人。

不要抵御同一类角色，成功的不二法则就是总演同一类角色。阿诺德·施瓦辛格拍一部电影就赚了800万美元。如果他会表演的话，你能想象得出他会少赚多少钱吗？

杰克·本尼和鲍伯·霍普也是这样，他们精心打造一成不变的公众形象，使自己的身价高达数百万美元。玛丽莲·梦露、约翰·韦恩、克林特·伊斯特伍德，越是大牌明星，戏路越窄。事实上，最大牌、最富有的明星都变成了他们自身的纸版画或卡通画。

商业界的情况亦然。桑迪·西戈洛夫（Sandy Sigoloff）是扭转企业败局的知名大师。你或许会说他就是那个大名鼎鼎的扭亏专家啊。人们按照《飞侠哥顿》（*Flash Gordon*）中邪恶独裁者的名字，把他称做"残忍的明"（Ming the Merciless）。这个称号非常适合，为了拯救公司，避免其陷入破产的境地，他什么事情都做得出来：削减成本、大量裁员、关闭分支机构。

西戈洛夫那重点突出、定位准确的"扭亏大师"的形象让他赚得盆满钵满。《商业周刊》(*Business Week*)、《财富》(*Fortune*)、《福布斯》(*Forbes*)、《华尔街日报》以及数百家其他报纸杂志纷纷撰文报道他，为他博得了很好的声誉。那么这位"残忍的明"到底扭转了多少家企业的败局：100家？50家？25家？10家？

你觉得3家怎么样？一家是位于洛杉矶的企业集团——共和公司 (Republic Corporation)，一家是价值6亿美元的洛杉矶零售企业戴林公司 (Daylin Corporation)，还有一家美国最大的木材和建筑材料零售企业维基斯公司 (Wickes Companies)。眼下，桑迪·西戈洛夫正努力向L. J. 胡克 (L. J. Hooker) 公司施展"扭亏大法"，这家澳大利亚胡克集团的美国分公司已经陷入困境。

我们无意贬低西戈洛夫先生的成就，一连4次成功扭亏将成为惊人之举。打个比方的话，差不多与超级碗中的乔·蒙塔纳 (Joe Montana) 不相上下了。**如果重点突出、定位准确，那么你并不需要屡屡胜利，同样能成为你那个时代的传奇人物。在某些情况下，一次胜利就足够了。**

布鲁斯·麦金农 (Bruce McKinnon) 也是一位扭亏大师，但他扭亏的范围较小。麦金农年仅33岁，他专门研究如何让有线电视公司获得转机。现在，他正着手处理第三个这样的项目，每次接手一个项目，他的报酬都会增加25%~50%。

如果你打算骑上创意型赛马，要是你有不同寻常的个人标记，就可以走得更远。这种标记可以是一头长发（披头士乐队）或者向上翘的小胡子［萨尔瓦多·达利（Salvador Dali）］，也可以是一套白西装［汤姆·沃尔夫（Tom Wolfe）］。如果你想让人们觉得你有才华，你就得看上去像那么回事。

你不妨走进一家广告公司看看。你可以一眼就分辨出哪些是创意人员，就是那些穿着蓝色牛仔裤的人。与客户和媒体打交道的人都是西装革履和裙装打扮的。至于艺术总监，因为人们总觉得他们比单纯的写手更富才华，所以在穿着打扮上还得更与众不同一些。比如，现在男性艺术总监的潮流装扮是马尾辫和耳环。

绰号也有助于传递富有才华的信息。"残忍的明"、"猫王"、"麦当娜"，有这种绰号的人肯定富有才华。

简短的绰号更具特效，"老大"［布鲁斯·斯普林斯汀（Bruce Springsteen）］、"董事局主席"［弗兰克·西纳特拉（Frank Sinatra）］、"国王"［克拉克·盖博（Clark Gable）］。

奖项也有助于树立才华的声誉。在某些行业，你必须赢得一定的奖项，才会有人把你当回事。在广告行业是克里奥广告奖（Clio），在电影业是奥斯卡奖（Oscar）。**如果你不仅能够设法获奖，还会到处炫耀，那么你就能在你所处的行业里进一步发展了。**

谢利·温特斯（Shelley Winters）受邀在罗伯特·德尼罗（Robert De Niro）的一部电影中尝试一个角色。当她到达试镜现场时，从包里拿出一个金像奖杯放在桌上。然后，她又打开包，拿出第二个金像奖杯放在桌上。"有人觉得我会演戏。"温特斯女士轻声说道，"我还需要试演吗？"

她拿下了那个角色。

才华型赛马是难以驾驭的一匹马，主要是因为骑马者没有分清轻重缓急。他们想当然地认为"才华会得到施展"，而那种才能带给你的不过是一张彩票而已。才华型赛马要获得成功，几乎比其他任何类型的赛马都更需要外界的认可。

有时，那种外界的认可永远都不会来临。在凡·高（Vincent Van Gogh）的一生中，他画了数百幅画，但只卖掉了一幅。凡·高自称是"一幅画都卖不掉的可怜虫"。

在凡·高自杀 99 年后，日本的一个收藏家以8 250万美元的高价买下了他的一幅画作《加歇医生的肖像》（*Portrait of Dr. Gachet*）。

如果你的才华未能很快获得外界的认可，你不要以头撞墙（也不要磨平你的棱角）。实际上，你应该能够料想到这个结果。你的问题的实质是外界的认可，无论你是作家、画家、演员、歌手、舞者或摄影师等诸如此类的角色，你都要把大部分时间用来寻找能够证明你的创造力的外部专家。

如果你真正想要在才能领域大获成功，就要像哈维·麦凯（Harvey Mackay）那样，全身心地投入寻找外部专家的工作中去。

54岁那年，麦凯撰写了第一本书《与鲨共泳》（*Swim With the Sharks Without Being Eaten Alive*）。但他并没有把全部时间都用来写作或游泳，而是把大部分时间用来找别人宣传吹捧他的书。

麦凯找到了这些人：罗伯特·雷德福（Robert Redford）、特德·科佩尔（Ted Koppel）、马里奥·科莫（Mario Cuomo）、格洛丽亚·斯泰纳姆（Gloria Steinem）、杰拉尔德·福特（Gerald Ford）、沃尔特·蒙代尔（Walter Mondale）、彼得·尤伯罗思（Peter

Ueberroth）、埃迪·阿尔伯特（Eddie Albert）、卢·霍尔茨（Lou Hohz）、鲍勃·奈特（Bob Knight）、阿尔·麦奎尔（Al McGuire）、弗兰·塔金顿（Fran Tarkenton）、斯坦·史密斯（Stan Smith）、查尔斯·施瓦布（Charles Schwab）、沃伦·阿维斯（Warren Avis）阿比盖尔·范布伦（Abigail Van Buren）、比利·格雷厄姆（Billy Graham），当然还有诺曼·文森特·皮尔。

还有下列各公司的首席执行官：联合航空公司（United Airlines）、7-11便利店、保时捷、雅诗兰黛（Estee Lauder）、倍儿乐（Playtex）、康尼格拉（ConAgra）、西北贝尔（Northwestern Bell）、网络数据库服务（IDS）、戴顿哈德逊（Dayton-Hudson）、卡尔森集团（Carlson Companies）、克雷研究所（Cray Research）、法利实业（Farley Industries）、德斯塞（Dresher）、优志旺电气（Ushio Electric）和斯坦雷工程公司（The Stanley Works）。

除此之外，麦凯还邀请到斯坦福大学、布朗大学以及堪萨斯州立大学的校长。另外还有明宁哲基金会（Menninger Foundation）的总裁和通用汽车以及西尔制药公司（G. D. Searle）的前任总裁。

还有4位作家给麦凯的书做广告，其中包括《一分钟经理人》（*The One Minute Manager*）的合著者肯·布兰佳（Kenneth Blanchard），他还为麦凯题写了序言。

《与鲨共泳》当年获得了多大的成功呢？（你真有必要这么问吗？）这本书打破了各项出版纪录，并连续40多周登上《纽约时报》畅销书排行榜。该书共售出230万册，足以进入10大经管畅销书之列。现在，哈维·麦凯单靠巡回演讲每年就有100万美元尽收囊中，还没有算上版税收入。

《与鲨共泳》写得有多精彩呢？你不妨看看那本书再下结论吧。然后，问自己一个问题："这真有那么要紧吗？"作为歌手，麦当娜有多么出色呢？

如果你只想做一个有才华的人，那就像凡·高那样，自顾自地把全部时间都用在你的"艺术"创作上；如果你想拥有才华并取得成功，那就像麦凯那样，花一点时间用于"艺术"创作，再花一点时间向他人推销自己。

请始终谨记，才华的世界与这个大千世界本身并无二致，在这里，让你获得成功的正是其他人。是影评家让电影制片人成功的。

自我膨胀十有八九会成为你成功路上的绊脚石。人们都希望别人认可自己的创造力而不是推销能力。不妨问问自己："这真有那么要紧吗？"

对很多人来说，这真有那么要紧。首先，他们想要相信自己，他们希望给人以才华横溢的感觉，这是一枚硬币的另一面。如果有头像的一面代表积极思维的力量，那么没有头像的一面就代表自我怀疑、自我毁灭。

回避这个问题，相信他人的力量。只有他们才能让你获得成功，你有没有自信跟这个问题没有多大关系。

当你向别人推销你的创造力时，请记住，产品的外包装与产品一样重要。如果把《与鲨共泳》这个书名换成毫无想象力的《在商界取得成功》，还会登上畅销榜吗？

恐怕不会。

书名为枯燥乏味的《推销自己》，这本书能卖得很好吗？

恐怕不能。产品的外包装与产品一样重要，所以我们就把这本书的书名改成了《人生定位》。

你会花 19.95 美元买一本叫做《领导力秘诀》的书吗？

恐怕不会。然而，有成千上万的人花了19.95美元购买韦斯·罗伯茨（Wess Roberts）写的《匈奴王阿提拉汗的领导力秘诀》（*Leadership Secrets of Attila the Hun*）。

产品的外包装与产品一样重要，有时还比产品本身更重要。

爱好型赛马：20：1

或许你在度假时所做的事情与在工作时所做的事情应该是一样的。不妨看看休·赫夫纳（Hugh Hefner），他在卧室里取得了怎样的成就。还有海伦·格利·布朗（Helen Gurley Brown），她靠自己的书《性与单身女孩》（*Sex and the Single Girl*）取得了怎样的成就，这本书还让她登上了《时尚》（*Cosmopolitan*）杂志总编的宝座。

有那么多成功的职业都是由业余爱好或兴趣逐渐发展而来的，这颇令人惊讶。

保罗·普鲁多姆（Paul Prudhomme）特别喜欢吃，于是他把这一爱好变成了闻名全球的新奥尔良餐馆——保罗厨房（K. Paul's Kitchen）。

自信是在这其中发挥作用的因素之一。如果你喜欢做什么事情，往往就会做得很多。而你做得越多，就越得心应手，你获得的自信也越多。（你如何才能成为一名优秀的演说家？你要做很多次演讲。）

请注意一下那些被颠倒了的传统至理名言。**成功带来自信。自信并不会带来成功，除非你特别喜欢自欺欺人。**（正如老话所说的，"每个人都是他自己心中的传奇"。）

你如何才能把爱好变成高管职位呢？你要始终睁大眼睛。埃杜阿多·斯特恩（Eduardo Stern）是一位智利的建筑师，也是一位滑雪迷，前者是他的职业，后者是他的业余爱好。所以，当他得知两家法国公司正打算在智利圣地亚哥以外的地方建造一个世界级滑雪度假胜地时，便成为负责该项目的理所当然的人选。

内瓦多（Valle Nevado）注定会成为一个全球最大的滑雪胜地，该项目的计划投资总额为3.5亿美元。

你如何才能把爱好变成财富呢？你本来也可以在国家橄榄球联盟（National Football League，NFL）成立之时，花上100美元成为联盟的会员。该联盟于1920年在俄亥俄州坎顿的拉尔夫·海（Ralph Hay）的哈普莫比尔展示厅里成立。（达拉斯的NFL特许经营权刚刚以1.5亿美元的价格卖出。）

就在最近，纽约市的一个美食家团体召开了一次日常会议，会上有人发牢骚说，要找到一家真正的好餐馆是多么的不容易。

海湾西方公司（Gulf + Western）的律师蒂姆·扎加特（Tim Zagat）有一个高明的想法：何不就在该团体成员的朋友中间做一个调查，然后散发一份简报，上面列有他们最喜欢的餐厅。趁着波多尔葡萄酒的酒劲儿，也是一时逞能，扎加特自告奋勇组织这个项目。

一时间，找扎加特索要复印调查表的人越来越多，于是同为律师的扎加特的妻子尼娜提议，他们可以出售这份指南来支付费用。

那顿决定性的晚餐过去10年后，扎加特的指南已经成为纽约市销量最好的餐厅指南。蒂姆·扎加特不再是执业律师，而是日益发展的全美餐厅与酒店指南这一小小商业帝国的巨头。

对于纽约市的美食家来说，每年扎加特调查的面世已经成为一件大事，和巴黎人推出新版的《米其林指南》（*Guide Michelin*）同样重要。

这些年来，扎加特指南已经为扎加特夫妇赚取了数百万美元。

从蒂姆·扎加特的事例中，我们不难看出目标会如何变为成功路上的绊脚石。比如，如果扎加特当初就想成为某家《财富》500强企业法律部门的负责人。

既然如此，那还去折腾什么餐厅指南啊？你又不能靠吃一路攀上事业的顶峰。

迈克·西纳尔德（Mike Sinyard）的爱好是骑自行车。每天上午工作到11点，40岁的西纳尔德就会穿上骑车服，跳上自行车，出去骑上3公里。和他一起骑车2小时的员工多达50名，他们都是他的特种自行车零件公司（Specialized Bicycle Components Inc.）的雇员。

这家特种自行车零件公司不是由商人而是由自行车爱好者创建的，公司发现了人们对宽轮山地车的兴趣，于是从1981年开始生产这种自行车。今天，该公司的销售额高达8 000万美元，被视为大受欢迎的宽轮山地车市场的领头羊。

你如何才能把爱好变成企业呢？冲浪是鲍勃·麦克奈特（Bob McKnight）最大的爱好。于是，在1976年，他与世界冲浪冠军杰夫·哈克曼（Jeff Hakman）合作，在货车的后备箱里卖"沙滩裤"。

如今，他们的快银公司（Quicksilver）专门向冲浪人群出售服装，年销售额达5 000万美元。该公司保持着冲浪娱乐感。总裁鲍勃的门上有一块牌子，上面写着："小罗伯特 B. 麦克奈特，'极品爵士乐'的导演。"

地利型赛马：15∶1

你在考虑职业问题时，有无数的方案可以选择：大公司、小公司、私营公司、上市公司；企业、政府、教育；管理工作、专业工作。

你既可以从事脑力工作，也可以从事体力工作，或者两者兼顾（就像外科医生那样）。你既可以从事户外工作，也可以从事室内工作。你既可以去大城市工作，也可以在小城镇工作。面对如此繁多的可能性，你该从何选起呢？

也许你不用选择，也许你在应对自己所处的环境时，机会就自然而然地出现了，用不着满世界去寻找那最佳地点的最佳公司里的最佳职业。

在无限的时间里的完美毫无价值可言。

设计师托妮·西尔弗（Toni Silver）酷爱旅游。1987年，她来到巴厘岛度假。

她爱上了巴厘的人民、巴厘的文化、巴厘的食品，她在那里待了两个月。

托妮·西尔弗用当地的印花布设计了一个衬衫、短夹克和裤子系列。她还找到一家巴厘的工厂，可以生产她的设计品。

这些服装叫做"西尔弗时装"，在纽约和波士顿的专卖店里卖得非常火暴。西尔弗时装可以变成托妮·西尔弗的一个大财源（不然的话，她总是可以再去旅行一次的）。

雷切尔·克雷斯平（Rachel Crespin）从土耳其旅行回来时穿了一件羊毛大衣。她的朋友都对这件衣服赞不绝口，于是把她介绍给卡尔文·克莱因（Calvin Klein）和唐娜·卡兰（Donna Karan）这些设计师。不久，她便做起中介生意，给美国设计师和土耳其工厂牵线搭桥。她还设计了各种大衣，在伯道夫－古德曼和萨克斯第五大街之类的地方销售。

赛珍珠（Pearl Sydenstricker）的父母是中国长江流域一带的长老会传教士，她还不会说英语的时候就学会了汉语。赛珍珠从弗吉尼亚的兰道夫梅肯学院毕业后又返回了中国。3年后，她和约翰·巴克（John Buck）博士结了婚。约翰是一位农业专家，因为工作关系来到中国南京的农村地区。她的小说《大地》（*The Good Earth*）里的大部分素材都是在那里收集的。

《大地》一上市便获得了成功，并于1931年赢得普利策最佳小说奖。该书在畅销榜上待了差不多2年时间，被翻译成30多种语言，还被改编成一部成功的电影。后来，赛珍珠还成为第一位赢得诺贝尔文学奖的女性。

赛珍珠在中国发现的东西，正是埃德温·布拉特纳（Edwyn

Blattner）要在扎伊尔找寻的东西。布拉特纳从雪城大学一毕业，就加入了父亲的企业，那是位于扎伊尔金沙萨的一个中等规模的纺织厂。

在随后的几年里，布拉特纳凭借着影响力和好运气买下了一连串的企业：金沙萨唯一的一家屠宰场、一家固特异轮胎厂、一家罐头制造厂，还有橡胶、咖啡和棕榈油种植园。

他还在那里低价购买土地。现在，布拉特纳家族拥有的15万多平方公里土地遍布扎伊尔各地（总面积比纽约州还要大）。

布拉特纳的家族企业美国非洲控股公司（African Holding Company of America）由40个实体组成，拥有员工17 000人。其中最大、最引人注目的企业都是由现年（1990年）仅33岁的埃德温·布拉特纳发展起来的。

"他就像那个美国人唐纳德·特朗普，只是比他更厉害。"一个在西方各地游历过的扎伊尔商人说，"他能在这么短的时间里在这儿做这么多事，真是了不起。"

对于在美国的一家日本公司工作的加拿大人彼得·梅因（Peter Main）来说，地利也是他成功的原因。不过，梅因成功的关键还是他那所位于温哥华的20世纪70年代的房子。当时他的邻居是荒川实（Minoru Arakawa）。多年来，他们两人一直保持着联系。

在20世纪80年代，荒川实想在美国创办一家新型电子游戏公司，他开始鼓动自己的老邻居跟他一起干。1986年年末，就在公司即将完成第一次试销时，梅因答应加盟了。

梅因对时机的把握恰到好处。3年后，这家电子游戏公司（任天堂）获得了80%的市场份额，而这个市场的产值达26亿美元。这位分管市场营销的48岁副总裁彼得·梅因被《广告周刊》（*Adweek*）杂志称为"年度营销大师"。

荒川实为什么会选中梅因呢？"他并不是做玩具或电子产品的。"荒川实说，"但我相信，常识比经验更加重要。"同样重要的是择邻而居。

成功就在你身边。不要浪费时间寻找什么最合适的地方、最合适的环境，你是找不到的。即便你找到了，可能也认不出它。

生活中的成功从接受开始，接受那些无法改变或者难以改变的事物。然后，开始改变一件完全在你掌控之中的东西，那就是你自己。

宣传型赛马：10∶1

在公司特别是在大公司里，可见性比能力更为有效，这是一个不争的事实。如果你兼而有之当然很好，可是如果你只能二选一，那就选可见性吧。

90%的人都不会独立思考，所以你完全可以骑着宣传型赛马一路登顶。90%的人只相信他们从报纸上看到的、广播里听到的、电视上看到的或者是别人告诉他们的，而这些"别人"的想法又是从哪里来的呢？当然也是从报纸上看到的、广播里听到的、电视上看到的。

宣传型赛马强壮有力，但也会起到反作用。负面的宣传可能会毁掉一个产品、一家公司或一个人。不妨问问埃克森·瓦尔迪兹号 (Exxon Valdez) 的前任船长约瑟夫·黑兹尔伍德 (Joseph Hazelwood)。

大量的宣传也没有效果。你应该力争写出一个极具感染力的正面故事，可以让你翻来覆去地使用。

"我太喜欢雷明顿 (Remington) 刀片了，所以我就买下了这家公司。"在你看过的有关维克多·基亚姆 (Victor Kiam) 的报道中，有哪一篇没有提及他是因为太喜欢雷明顿刀片才买下公司这件事？当然，没有哪篇不提到这个。这个主意太有感染力了，他可以永远用下去。

墨索里尼当过21年的意大利首相。除了墨索里尼要求火车正点运行之外，你还听过什么有关他的正面报道吗？

一个主意，就是你应该寻找并依附在你名字上的东西。沃尔特·韦尔 (Walter Weir) 是广告公司做文案的，他创办了一家名叫韦斯特－韦尔－巴特尔斯 (West, Weir & Bartels) 的广告公司。他写得最好的广告词是把自己描述成"词匠"，广告业的专业刊物上刊登过很多有关"词匠沃尔特·韦尔"的报道。

艾德·麦卡比 (Ed McCabe) 是麦迪逊大街另一位著名的广告文案 (沃尔沃轿车、柏杜鸡肉)。多年以前，麦卡比先生入选广告文案名人堂。从那天起，几乎所有的报道都称他为"名人堂的艾德·麦卡比"，拥有这个称号挺不错的。

1944年，贝丝·迈尔森 (Bess Myerson) 当选美国小姐，那么每篇报道都是如何称呼她的呢？"前美国小姐贝丝·迈尔森"，这个称呼不算太坏，尤其等你到了62岁的时候。

当记者的都知道一个行业秘密，这就解释了为什么一个简单的主意往往得一遍一遍地重复。你大概以为记者撰写报道时手里什么都没有，其实不然，尤其是在今天这个网络化的社会里。

记者会用计算机把他们自己的刊物和其他刊物上有关这一主题的其他报道调出来，他们从以往的各种报道中把有关你的精华部分摘录下来。如果你的名字曾经和"前科犯"或类似的称号相关联，那你只能祈祷老天保佑了。（老天保佑不了你，但司法制度可以，那就是改名换姓吧。）

如果你打算骑上宣传型赛马，首先要给自己一个称号或主意。

你要个什么样的称号呢？宣传可不是一匹容易驾驭的赛马。你必须下定决心丢弃各种资料，这样才能将焦点集中在一个主意或概念上。

戴维·利德曼（David Liederman）拥有曲奇饼干。1979年7月25日，他终于时来运转。《纽约时报》刊登了一篇题为"搜寻纽约最好吃的巧克力曲奇"的文章。这篇文章的作者弗洛伦斯·法布里肯特（Florence Fabricant）最喜欢戴维的巧克力曲奇。据说，文章的其他内容的都是曲奇的来历。

如果没有弗洛伦斯的文章，戴维能有多大发展呢？

弗里达·卡普兰（Frieda Caplan）拥有奇异果。事实上，她就是众所周知的"奇异果女王"。

20世纪60年代，她把中国醋栗引入美国，但是却按照这种水果的原产地新西兰当地的一种鸟，给醋栗重新取名为"奇异果"。

弗里达位于洛杉矶的Finest Produce公司是美国第一家由女性创

办、拥有并经营的农产品批发商，公司的年营业额达2 000万美元。

一个有趣的事实是，弗里达·卡普兰从未飞去远东寻找所谓的奇异果。她就坐在办公室，是奇异果自己找上门来的。

有一天，西夫韦（Safeway）的一位农产品买家问她是否听说过一种叫做中国醋栗的水果。之前，西夫韦的一位顾客问过这个问题。弗里达从未见过这玩意儿，不过她答应留心此事。6个月后，纯属巧合，有位经纪人路过弗里达的公司，给了她很多中国醋栗。

弗里达的基本原则是："永远敞开一扇门，始终聆听任何人的提议。"

好的宣传构想就像那样，它们经常会从前门走进来，而且通常是由别人想出来的。

要想很好地驾驭宣传型赛马，你必须学会如何"应对媒体"。你不能太好斗，也不能太腼腆。一般情况下，不要给他们打电话，让他们打电话给你。

但是，记者或电视的采访编辑为什么要给你打电话呢？首先，你得做一场演讲或写一篇文章，让大家知道你。然后，找个机会大肆宣扬一下自己，你得稍微搞点耸人听闻的东西。

正是那些标新立异、令人震惊或者颇有争议的观点才会引起媒体的关注，没人想写关于母亲或苹果派的报道。

安迪·沃霍尔（Andy Warhol）堪称宣传型赛马的大师级骑手。从他的外貌到艺术品，再到社交生活，他所做的一切全都是为了引起媒体的轩然大波。你必须震荡出击，闯进新闻。

最近，《华尔街日报》在头版的市场营销版块浓墨重彩地介绍了一本56页的名为《黑手党的管理》（*Mafia Management*）的书，该书由赫克托·达维拉 （Hector Davila）撰写，定价是令人咋舌的59.95美元。

麦当娜所做的一切，从姓名到录像都是骇人听闻的，包括她去年2 300万美元的年收入（弗兰克·西纳特拉只赚了1 400万美元）。你去年赚了多少钱？你还在考虑穿什么衣服去办公室？穿件绿西服配条红领带吧。

霍华德·斯特恩（Howard Stern）凭着他那更适合在 NFL更衣室里说的话，在纽约电台一年挣100万美元。

而许多英语教师一类的人还在到处找工作。

POSITIONING

第 5 章

低风险赛马

低风险赌注和中等风险赌注的区别是什么呢?

在中等风险赌注中,成功部分依靠自己奋斗,部分借助外力。在低风险赌注中,成功完全取决于外力。

当你把成功的希望完全寄托在别人身上的时候,成功的概率就大些。这里介绍6种最重要的低风险赌注。可能你会认为这些在营销竞争中是最受青睐的。

产品型赛马:5∶1

依靠经营产品走向事业巅峰的最好例子是李·艾柯卡。根据1986年的盖洛普民意调查显示,艾柯卡仅次于里根,排名第二位世界最受崇拜的人,教皇位居其后。

想必大家都知道当艾柯卡在担任福特汽车公司总裁时,怎样被亨利·福特二世(Henry Ford II)解雇,后来他又怎样成为克莱斯勒汽车公司的传奇人物。可是艾柯卡是怎样当上福特公司总裁的呢?

一句话,他靠的是福特公司的野马(Mustang)汽车。

野马汽车就是那匹赛马,促使艾柯卡成为商界精英。是艾柯卡设计了野马汽车吗?不是。是艾柯卡慧眼识别了别人设计的野马汽车的优点吗?是的,这就是让艾柯卡成为商业精英的通行证。

认可他人的天赋几乎总是让人成功的关键。在福特公司设计中心的门外展览区,有7个正常大小的汽车黏土模型。

艾柯卡挑选了由乔·奥罗斯(Joe Oros)、盖尔·霍尔德曼

(Gail Halderman) 和L. 戴维·阿什 (L. David Ash) 三人完成的设计，后来他说："在这个公司，这是唯一一个看上去要启动起来的设计。"

1964年9月，《福布斯》杂志报道："今天在汽车行业最畅销的车是福特的野马汽车，在商业领域最受欢迎的主管是李·艾柯卡。"

当你在生意场上得意的时候，不要以为以后也会一帆风顺。大部分人碰到一个好的产品理念时都没能识别。

1948年12月，麦当劳兄弟开办了顾客免下车餐馆。成千上万的人买麦当劳的汉堡，直到5年之后雷·克罗克的出现，才改变了这种局面。

这些顾客中，有谁认识到了他眼前的机遇？即便有人认识到，也没有记录表明。麦当劳餐馆并不只是一个你可以为一个汉堡省下10美分的地方，它还是一个可以让你赚取百万美元的机遇。

雷·克罗克就做到了，他认可了麦当劳餐馆理念的过人之处，并从中赚得了数亿美元的利润。

雷·克罗克不是起步很快的人，他直到52岁的时候，才卖出自己的第一个汉堡。

拿麦当劳兄弟与雷·克罗克进行比较是很有启迪意义的。麦当劳兄弟发明了产品理念，而雷·克罗克认识到这一理念的潜力。谁赚了大钱？是发明者，还是识别者？

作为一个发明者，雷·克罗克是失败的，他的菜单建议一直不受欢迎。其中一个拙劣的建议就是Hulaburger：一个夹有一片烤菠萝和两片奶酪的面包。一直畅销不衰的巨无霸和蛋塔是由特许经营人推荐的。

那就做一个识别者吧。从自身之外识别能让你发财的产品。

15美分的汉堡对雷·克罗克产生的效力，如同75美元的"爱比女士"（Epilady）为克罗克姐妹——沙伦、阿琳和洛伦起到的作用一样。

1987年，这三个南非出生的姐妹买下了以色列生产的女性脱毛器"爱比女士"在美国的经销权。几年的时间，"爱比女士"成为美国个人护理市场最火暴的产品。在第二年的时候，销售额就达到1亿美元，而且还在增长。

迄今发明的最成功的产品都没有给发明者带来足够的利益，但是却让识别者发了大财。 1888年，当约翰·彭伯顿（John Pemperton）医生调制出一种新型软饮料的时候，他还是亚特兰大的一名药剂师。两年后，他把这种饮料的配方以1 750美元的价格卖给了可口可乐公司。

新主人是一个名叫阿萨·坎德勒（Asa Candler）的药品批发商。到1903年的时候，阿萨·坎德勒已经是一个百万富翁了，到1914年的时候，他的资产已经猛增到5 000万美元。两年后，他被选为亚特兰大市市长（在可口可乐公司为亚特兰大市做出了巨大贡献后，这是亚特兰大市能回报给阿萨·坎德勒的一点儿心意）。

1919年，当坎德勒家族把可口可乐公司卖给欧内斯特-伍德拉夫集团（Ernest Woodruff Group）的时候，这桩生意成了"美国南方历史上最大的交易"。

即便是发明本身也常常是一次意外的结果。1850年，李维·斯特劳斯（Levi Strauss）带着一些布匹来到旧金山，想为加利福尼亚淘金热中的矿工们生产帐篷。

一个1849年就来淘金的人说："这是一个错误。"矿工们最需要的是结实的、能够经得起挖掘工作磨损的裤子。

正是由于这个原因，斯特劳斯用他的帐篷布剪裁出裤子，挖到了他的金子（他在裤子口袋上钉上铆钉，因为这是制作帐篷的方法）。

今天，李维斯是世界销量最大的蓝色牛仔裤品牌，这是对斯特劳斯这个帐篷制造商灵活性经商恰当的赞美。

大西洋彼岸，古斯塔夫·利文（Gustave Leven）在法国的名气就像李维在美国一样，都是赫赫有名。

1946年年初，利文先生的父亲——一个家族式经纪公司的负责人，让他为想要出售法国南部一眼泉水的英国主人寻找一个买主。年轻的利文先生联系了一位家族老朋友——塞缪尔·布朗夫曼（Samuel Bronfman），他是施格兰公司（Seagram）的接班人，问他是否愿意在其饮料帝国增添这眼小泉。布朗夫曼让他的朋友利文先等到秋天，到时他再去法国考察这眼泉水再做决定。

利文先生并没有等。他参观了韦尔奇斯镇著名的喷泉——那里的泉水自罗马时代起就远近闻名，并且决定购买这眼泉水和它的瓶装业务，尽管此时他们的业务已经成了烂摊子。他看到工人们用手把绿色的小瓶子扔进泉水里装水，有时用脚把瓶盖盖上。

当然，这些瓶子里装的就是毕雷（Perrier）矿泉水，它让利文先生成为法国最富有的人之一。他拥有毕雷资源公司将近20%的股权，每年公司在125个国家卖出40亿瓶矿泉水。

做个灵活的人。有太多专心致志、目标明确的人本可以通过制作裤子来赚大钱的时候，他们却坚持做帐篷。或者他们在可以通过瓶装水发财的时候，却坚持在经纪公司工作。

创意型赛马：4∶1

我们都知道，创意可以比任何事情都能更快地让你一跃达到事业的巅峰。但是有时候人们对创意期待得太多，他们希望心目中的那个创意非常出色，也希望其他人都认可它的伟大。

这样的创意根本就不存在。如果你要等到某个创意被大家都接受的时候，那就太晚了，其他人可能已经取得了优先权。

或者借用几年前关于入时/过时的说法来比喻：任何显然入时的东西都已经在过时的路上。

驾驭创意型赛马，你必须愿意面对可笑的、有争议的创意，你也必须乐意逆潮流而行。

除非你勇于承担风险和大量的非议，否则你不可能成为第一个想出新创意的人。

当古斯塔夫·利文决定在美国开办毕雷矿泉水品牌的时候，几个创意咨询公司告诫他，在可口可乐消费者的王国销售带泡矿泉水，简直是太愚蠢了。利文没有理会他们的忠告（甚至连矿泉水里含有少量苯的事实都没有阻止毕雷矿泉水涌入美国）。

一个好的创意很少得到如此认可。当布莱恩·爱普斯坦前往伦敦试图为披头士乐队取得录音合同时，他备受冷落。在这些拒绝的言辞中，迪卡唱片公司的拒绝是最经典的，他说："爱普斯坦先生，回利物浦吧，四人组合已经过时了。"

在披头士乐队第一次美国巡演前夕，国会唱片公司（Capitol Records）负责人杰伊·利文斯顿（Jay Livingstone）说："我们感觉披头士乐队不会在这里的市场有任何作为。"

专家常常是错的，尤其当他们武断地对那些可能对其专长带来不利影响的主题做出结论的时候。"摇滚乐。"弗兰克·西纳特拉说，"（你们的音乐）是矫揉造作、装腔作势的音乐，大部分是由愚蠢的人演唱、作曲、演奏的。"

摄影师理查德·埃夫登（Richard Avedon）曾经对雪儿（Cher）说："你不可能成为《时尚》杂志的封面人物，因为你没有棕色的头色、蓝色的眼睛。"而当她做到这点时，《时尚》杂志的销量打破了纪录。

好的创意具有宣传价值，而最具宣传价值的是那些震撼人心的创意。四个来自利物浦唱诗班的清秀、干净的男孩在获得媒体关注方面，可能比披头士乐队困难得多。

广告公司知道震撼人心的广告能够创造好的宣传价值，而好的宣传价值可以造就成功的广告公司。克什鲍姆-邦德公司（Kirshenbaum & Bond）就是代表之一，乔纳森·邦德（Jonathan Bond）说："我们需要开门红，所以我们让最震撼人心的广告成为可能。"下面是一些例子：

■ 为纽约一家男士服装店圣劳里有限公司（Saint Laurie Ltd.）做的广告："英国人的穿着，犹太人的思维。"

- 为一家时尚的餐馆波西塔诺（Positano）做的广告："一家正宗的意大利餐馆，迄今没人中弹。"

■ 为Hongson Importers的跳高运动鞋做的广告："唯一跳得更高的途径是非法之路。"

可能最震撼人心、最著名的广告（就当时来说）是30年前由雪莉·波利科夫（Shirley Polykoff）为可丽柔 （Miss Clairol）彩发乳策划的："她用了，还是没用？"

这则广告是一则神话，把波利科夫女士引领进广告文案名人堂。

他人型赛马：3：1

成功的关键总是依靠他人。即使你驾驭着一个可以让你走向巅峰的创意或者一个产品，还是得依靠他人识别该创意或者该产品的价值。

你个人不能完成销售，要靠他人来购买。推销产品的方法也适用于推销自己。首先，别人得认识到你的优秀品质，然后通过给你一份工作或者一次晋升来"购买"你。

在典型的职业生涯中，这样的买卖过程会出现多次。我们的调查表明，一个人在其首次就业到退休期间，平均需要推销自己7次。这可能是一个充满困难、充满挫折的过程。

而且，时机可能较难把握。比如，你刚被炒了鱿鱼，那么在你的职业生涯中，此时你最需要的就是自信，而此时你几乎没有任何自信。（如果你对自己没有信心，怎么能推销自己呢？）

 双关语，也可以理解为喝醉。——译者注

有一个比较简单的方法，最好驾驭的马就是他人型赛马。只要你推销自己一次，这份工作就完成了。

大都会美国广播公司（Capital Cities／ABC）的丹尼尔·伯克（Daniel Burke）在托马斯·墨菲（Thomas Murphy）之后登上了公司的宝座。墨菲是在1955年第一次遇见哈佛大学工商管理硕士校友伯克的（如果遇见有发展潜力的人，和他们保持联系，尤其是当你与他们有共同点时。人都喜欢聘请与自己相似的人）。

他们相遇的时候，墨菲在纽约州的奥尔巴尼经营着一家小型电视台。这里原来是19世纪时候破落的修女住的楼房。6年之后，墨菲从通用食品公司（General Foods）将伯克聘请过来，接任他在这家电视台的职位，这就是后来被命名为大都会公司的第一份资产。

丹尼尔·伯克像他的前任墨菲一样，从执行副总裁晋升到总裁，在墨菲退休后，他又担任董事长兼首席执行官。

该公司也没有停滞不前。在发展期间，大都会公司买下了数家电视台和广播电台、杂志、报纸和美国广播公司网络。公司从奥尔巴尼的一个简单的超高频设施（UHF）已经发展成为一个拥有约50亿美元收益的媒体大亨。

达到事业的巅峰，你不必非要成为一个全能型的人。你可以做一个专家，发掘他人、利用他人的力量。

迈克·马斯特普尔（Mike Masterpool）是标准品牌公司（Standard Brands）罗斯·约翰逊（Ross Johnson）手下的一名公关人员［后来约翰逊在雷诺兹–纳贝斯克（RJR Nabisco）的争端中起

了重要作用]。

在花钱这个问题上，两人的想法一样。马斯特普尔用崇拜的语气说："约翰逊是唯一一个接受无限制预算并超出预算的人。"

标准品牌公司与规模大得多的纳贝斯克合并时，约翰逊坐上一把手的交椅，他把公共关系的工作交给马斯特普尔（秉性相近的人全面接手董事会，在公司合并的3年内，公司高级职位的24名职员中有21人来自标准品牌公司）。

接下来的合并是一次巨大的轰动。纳贝斯克被规模大它很多的雷诺兹公司收购。约翰逊做到公司的高层后，猜猜他聘请谁担任他的公关主管？当然是迈克·马斯特普尔。

通过驾驭他人进入成功者的圈子可能比较容易，但同时也可能是一种最难以驾驭的方法。

丹·奎尔当然是依靠乔治·布什走向辉煌的。

但是作为坐骑的人，不同于动物的赛马，他内心有自己的利益，他不会盲目地载着你去你想去的地方，他们会去他们想去的地方。

所以，再次总统大选的时候，布什总统完全可以认为年轻的奎尔是他再次竞选的阻碍（就像尼克松差点被艾森豪威尔推翻一样）。如果真是那样的话，奎尔将会顷刻间失去坐骑，被媒体评价为一个政治输家。这将会是他政治前途的致命打击。

公司化的美国和世界大体就是这个样子。**如果你在哪方面成为阻碍，被你当成坐骑的那个人就会觉得你是可以牺牲的。**

伙伴型赛马：5：2

当然，伙伴型赛马是他人型赛马的一种变体，其区别之处在于伙伴是平等的人的组合。平等具有很多优点，真正的伙伴之间彼此信任，他们对彼此毫无偏见。

你不能对自己的想法做出正确的判断，你需要有可信之人评价你的想法，或者提出改变、修订的建议。当然，反之亦然。

几乎在任何企业或者专业中，伙伴都可能是一个有力的组合，两个人往往会比一个人做得更好。可是，环顾四周，你会看到的几乎都是"孤独者"。

孤独者经常起步很好，也有很多优势：年纪轻、有热情、有精力、有新颖的方法。**可是随着年龄的增长，你的自我意识也与你的工资同步上升。你可能会获得一些经验，但是你的内在才华很少发生变化。当你的自我意识压过你的个人能力时，你就会变成一个自负的"百事通"。**

你的自负逐渐扼杀了你的客观性，你对别人越来越挑剔。除了你自己的想法，你看不到别人想法的优点。认为没有人可以像你做得那样好。如果你的老板再明智些，就会看到你是多么有能力，也会采取措施提升你。如果你真的这样想，你就真的与现实脱轨了。

大部分商人脱离了现实。记住，你的同事是你的竞争对手，他们也把你当做自己的竞争对手。

99%的法则表明，你达到事业巅峰的概率只有1%。当你的晋升意味着同事们永远不能脱离底层时，他们为什么要帮你一把呢？在那些清晨笑脸背后藏的是狡猾的心思，处心积虑地寻找方法发掘有利条件，怪不得人人都有点多疑。

伙伴能让你脚踏实地，伙伴能让你客观地把自我意识控制住。你们可以合作完成你单独一人不能完成的大事。

在商界，进取型伙伴关系有着悠久的历史。比如苹果公司的史蒂夫·乔布斯和史蒂夫·沃兹尼亚克（Steve Wozniak），微软公司的比尔·盖茨和保罗·艾伦。但是，可能最成功的一例要数1938年的比尔·休利特和戴维·帕卡德两人的合作，他们在一个出租房后面的车库里创建了惠普。

如今，惠普是一家拥有资产达120亿美元、员工9.5万人、遍及世界都有自己办事处的公司。

1964年，菲尔·奈特和比尔·鲍尔曼合作设计了一款新型跑步鞋，结果创办了世界最大的体育用品公司耐克。

最近，布鲁斯·沃瑟斯坦（Brace Wasserstein）和约瑟夫·佩雷拉（Joseph Perella）离开了第一波士顿公司，创建了一家新的并购公司。他们的新公司沃瑟斯坦-佩雷拉公司（Wasserstein Perella & Co.）成立的第一年，就不可思议地在并购顾问公司中排名第二。最近几年，沃瑟斯坦-佩雷拉公司已经完成了几笔大宗生意：卡夫、雷诺兹-纳贝斯克、时代华纳。为了提供公司将来发展的资金，他们以1亿美元的价格把公司20%的股权卖给了野村证券（Nomura Securities），在获得资金的同时，与日本建立了联系，真是一石两鸟。

配偶型赛马：2：1

吉尔伯特·格罗夫纳（Gilbert Grosvenor）是怎样当上《国家地理》杂志的编辑的呢?是由于他的才能吗？是因为他对旅游的热爱吗？或者是因为他对美国国家地理协会（National Geographic Society）主席亚历山大·格雷厄姆·贝尔的女儿埃尔西·梅的爱？

格罗夫纳工作做得非常出色。在他55年的编辑生涯中，国家地理协会会员从不到1 000人增加到200多万人。

正如一朵花需要有成长的花园才能绽放，如果才能想要绽放也需要机遇。埃尔西·梅·贝尔就是吉尔伯特·格罗夫纳的机遇，而他也抓住了这个机遇。

有些讽刺的是，国家地理协会是由亚历山大·格雷厄姆·贝尔的岳父在10年前创立的。

历史上有很多这样的故事，男人或者女人通过自己的配偶走向成功。然而，这种成功的方法常被人认为不那么高尚。更多的人还是希望依靠自己的力量实现成功的目标。

"我想自己做"似乎是年轻一族的箴言（当你老一些时，你会意识到你可能错过了一个重要的机遇）。

我们要表达的观点很简单，人人都需要坐骑。不管你找到的是陌生人，还是你的配偶，都不重要。需要问自己最重要的问题是："我的配偶是怎么样的坐骑？"

你不必在早晨读那种求助型分类广告，而是应该看看桌子对面，说："嘿，亲爱的，我想知道能不能……"

马厩里的一匹马胜于林子里的两匹马。

自1962年，梅尔文·戈登（Melvin Gordon）就一直担任糖果公司的董事长兼首席执行官，他的业绩出色。Tootsie Roll糖果公司荣登《福布斯》榜上200强小型企业之一，该公司一天生产1 800万只糖果。公司销售记录连续12年持续上升。1988年，其销售额达1.28亿美元。

梅尔文·戈登和吉尔伯特·格罗夫纳有一个共同点就是：他们都娶了老板的女儿。可是，梅尔文·戈登的故事有点曲折。

生下四个孩子后，梅尔文·戈登的妻子也想有自己的事业。很自然地，她为公司工作……如今，埃伦·戈登（Ellen Gordon）成为Tootsie Roll糖果公司的总裁。

"嘿，亲爱的，我想知道能不能……"为什么不呢？你有什么可失去的？你成功的机会要比把陌生人当坐骑大得多。

不要让你的自我意识阻碍了你。要记住：每个人都需要一匹马。

依靠配偶型赛马有什么坏处呢？显然，最糟糕的事就是离婚了。

45年前，乔治·约翰逊（George Johnson）成立了一家公司，是黑人拥有的最大的上市交易公司。他的妻子琼担任公司财务主管。乔治拥有约翰逊产品公司（Johnson Products Co.）49.5%的股份，他的妻子拥有6.8%的股份。后来他俩离婚了。

根据离婚协议，乔治·约翰逊将自己的股份给了他的前妻，而他担任公司的顾问。琼·约翰逊现在是董事长，他们的儿子埃里克现在担任公司的首席执行官。这对于双方来说，似乎算得上是一个明智的决定。

有时候，董事会会议室的纽带关系甚至比卧室里的关系更牢固。盖尔·海曼（Gale Hayman）和她的丈夫弗雷德·海曼（Fred Hayman）创立了乔治欧（Giorgio）——罗德奥大道的时装和香水品牌。

乔治欧品牌是一个巨大的成功。其销售量超过了任何一款20世纪80年代的进口香水。伴随着成功，海曼夫妇离婚了。但是他们继续合作，经营着乔治欧这个重磅品牌。

1987年，海曼夫妇将乔治欧以1.65亿美元的价格卖给了雅芳。不管是结婚还是离婚，对于一对夫妇来说，这都是笔不错的买卖。

家族型赛马：3∶2

你是不能因为某件事跟儿子、女儿或者父母断绝关系的，这样的事实就让家族型赛马比配偶型赛马占据了优势。

你会发现，今天在美国，家族型赛马对许多公司王朝负责。比如福特、万豪、布希、布朗夫曼、蒂施、特朗普等。这个单子比你想象的更长。

根据《家族企业》（Family Business）杂志的调查，《财富》500强中的工业企业有175家是家族控制，占了35%的比例（该杂志将家族控制定义为：拥有25%的股权，并且至少有2名家庭成员参与企业管理）。

这个定义将家族成员占据企业职位的一些大企业排除在外了。例如，59%的金宝汤股权由多兰斯（Dorrance）家族拥有，他们都是这种浓缩汤发明人约翰 T. 多兰斯（John T. Dorrance）的后裔（已故的小约翰 T. 多兰斯的3个孩子控制了32%的股票，而27%的股票为另外的6个家族集团持有）。但是，金宝汤就不被视为家族企业，因为多兰斯家族中没有人在这家公司工作。

真是浪费机遇啊。假如你是多兰斯家族的一员，你要做的事就是找到金宝汤并说："嘿，董事会，我想知道能否……"

相比之下，看看杰维斯－韦伯公司（Jervis B. Webb Co.），这是一家从事设计、制造和安装设备的全球性公司，该公司一年的销售额超过3亿美元。

14个高级管理职位由杰维斯 B. 韦伯的后裔或者他们的配偶担任，包括现任董事长杰维斯 C. 韦伯及其担任公司总裁的弟弟乔治。他们都是公司创始人的儿子。

即便是在福特汽车公司，福特的名字仍然继续。尽管1987年亨利·福特二世去世后，也还有4个活跃在公司的福特，包括埃兹尔·福特（Edsel Ford）和小威廉·克莱·福特（William Clay Ford）。

在福特公司和其他家族控制的企业里，你会发现相对论的作用。如果你在门上的名字和大楼上的名字正好匹配，你会做得更好。

商界（福特）中的道理同样适用于政界（肯尼迪）。在电影中也是如此。想想这些名字：方达（亨利、简、彼得）、休斯顿（沃尔特、约翰、安杰利卡）、布里奇斯（劳埃德、博、杰夫）和卡拉丹（约翰、戴维、基思、罗伯特）。

还有柯克·道格拉斯和他的儿子。凭着在《华尔街》（*Wall Street*）的表演获得的奥斯卡奖，以及在《致命诱惑》（*Fatal Attraction*）和《绿宝石》（*Romancing the Stone*）中扮演的有趣角色，迈克尔·道格拉斯已经成为一个比他老爸还有名的巨星。

当柯克·道格拉斯在接受美国纽约州北部家乡的人颁发的奖品时，他对包括儿子在内的观众做了一个简短的演讲，他说："我获得成功要比我儿子获得成功容易得多。尽管迈克尔有个出名的父亲，他还是成功了。这确实需要努力。"

用文雅的话说，这是一种"高级废话"。

POSITIONING

第 6 章

企业型赛马

选择加盟大企业，等于骑上一匹赔率为50∶1的赛马。你得学习如何处理人际关系，当然，驾驭这匹马还有更简单的方法。

在前面一章，我们把企业型赛马归到高风险赌注这一范畴，并将投注赔率设定为50∶1。但是企业不同，赔率也不同。

那总体原则是什么呢？**企业越大，赔率就越高；企业越小，赔率就越低。但是，矛盾在于多数人想去大企业工作，因为他们认为那里是存在机遇最多的地方。**

首先，各种数据对你不利。拿《财富》500强企业来说，它们的员工都是商界精英。这500家美国最大的工业企业雇用了大约1 200万员工——占1.18亿雇员总数的10%。某个人能去《财富》500强企业工作的可能性只有10%。

成功的概率也不会因为你上学的地点而发生多大的改变。同样道理，人们有这样的观点，认为商学院培养的工商管理硕士主要是为大企业服务的。而实际情况却截然不同，以哈佛商学院（商界的西点军校）为例，一项针对1970年毕业生的分析表明，此时他们正处于商业生涯的黄金阶段，只有10%的人在为雇员人数超过2.5万的企业工作（有36%的人自己创办企业）。

他们并非是不成功的人，他们绝大多数人很富有，56%的人是百万富翁，很多人有可观的薪水，34%的人年收入超过25万美元。然而，他们绝大多数不在大企业工作。

那些最后在大企业工作的人发现，通往事业巅峰的道路很辛苦。这正是被《攀登的陷阱》（*The Plateauing Trap*）的作者朱迪思·巴

威克 （Judith Barwick）称做的"99%法则"，即"因为拥有合适的品质，看上去也很杰出，而受雇的100个人当中，只有10个人能够升至中间管理层的职位，只有1个人能达到主管的层次"。

根据这样的成功概率，谁还想参加这场游戏？令人吃惊的是，很多人愿意投身其中。（《财富》500强企业拒绝的主管级应聘者远远超过他们现任主管的数量。）可是进入这样的企业后，你晋升的概率是多少呢？

残酷的现实是，对于成功来说，能力是最不重要的因素。企业并不是理性实体，不会为个人的最佳发展提供无尽的帮助。企业是那些试图超过他们竞争对手的各类人的组合。

在很多方面，他们极像马拉松比赛。一听到枪响，成千上万的人冲出去，为了取得最佳位置，互相推撞。刚开始的赛程，尽显人们的凶恶本质，直到比赛进行了一段时间，彼此拉开了距离，你才能得到一些跑步的空间。

到达通往企业顶层的道路有5条，无一例外都很艰难。

做一只"早起的鸟儿"

在读许多首席执行官的传记时，你可能会惊讶地获悉，很多人都是在企业创建初期加盟的。有些人直接参与了企业的组建，另外一些人则是企业的第一批雇员。

1956年，弗雷德·特纳（Fred Turner）从德雷克大学辍学去伊利诺伊州德斯普兰斯的雷·克罗克的第一家麦当劳当收银员。就在同一年不久后，他成为雷·克罗克第二家麦当劳的见习经理，每周工资100美元。

"早起的鸟儿"容易吸引创始人的注意。17年后，雷·克罗克任命弗雷德·特纳为麦当劳的首席执行官。

1967年，乔·李（Joe Lee）从威都斯塔州立学院辍学，为南佐治亚州大众化餐馆达登绿青蛙（Darden's Green Frog）的主人比尔·达登（Bill Darden）打工。

达登跟李分享了他开办低价位、以家庭为消费主体的海鲜餐馆的梦想。李和另外两人帮助达登在佛罗里达州莱克兰开办了第一家餐馆。他们没有叫这家餐馆"绿青蛙"，而是叫"红龙虾"（Red Lobster）。乔·李成了这家餐馆的第一位经理。

开办了5家餐馆后，达登把连锁店卖给了通用磨坊（General Mills）。如今，乔·李是通用磨坊的总裁。通用磨坊是一个拥有550家红龙虾海鲜餐馆和170家橄榄园（Olive Garden）意大利餐厅的集团，它们共同创造了10多亿美元的销售额。

1971年，当罗伯特 L. 巴尼（Rober L. Barney）加盟温蒂国际公司的时候，它是一个拥有2家店的连锁机构。9年后，他被任命为首席执行官，接任温蒂国际公司的创始人R. 戴维·托马斯（R. David Thomas）的职位。1990年，巴尼退休的时候，温蒂国际公司已经成了一个拥有3 800家店的连锁机构，销售额达11亿美元。

在快餐领域的另一只"早起的鸟儿"是小约翰·杨·布朗（John Young Brown）。1963年，布朗第一次遇见哈兰德·桑德斯（Harland Sanders）上校的时候，他是一名29岁的律师。

第二年，布朗和一个名叫杰克·马西（Jack Massey）的合伙人以200万美元的价格买下了上校的公司（首付50万美元，余款5年内付清）。当然，他们从哈兰德·桑德斯上校那里购买的公司就是肯德基。马西提供资金[纳什维尔第三国民银行（Third National Bank of Nashville）提供了帮助]，布朗提供管理才能。

7年后，布朗和马西把肯德基以2.85亿美元的价格卖给了赫布莲公司（Heublein）。布朗分到了3 500万美元。没有投入资金，只靠7年的劳动换来这样的回报也算是很值得了。

1979年，小约翰·杨·布朗娶了菲利斯·乔治（Phyllis George，1971年的美国小姐）。在短暂的蜜月之旅后，他宣布"我们已经决定"竞选肯塔基州的州长。

一边有肯德基，一边有菲利斯·乔治，他怎么可能落选呢？他在竞选中大获全胜。

值得一提的是，主持布朗夫妇婚礼的是诺曼·文森特·皮尔。我们无不惊奇地发现，约翰·布朗的成功归因于他的积极思考。

如果你愿意，就积极思考吧，但是同时要走出去，找到属于自己的哈兰德·桑德斯上校。

受邀担任一家小型航空邮件送递公司财务主管的时候，C. R. 史密斯是一名29岁的得克萨斯-路易斯安那动力公司（Texas-Louisiana Power）的簿记员。这个叫做得克萨斯航空运输公司的小公司最终发展成为美国航空公司，史密斯也成为该公司的第一批首席执行官中的一员，他断断续续地担任这一职务有32年。在成功的道路上，他成为航空业内的一个传奇，无疑也是该行业内最著名的执行官。

当接到得克萨斯航空运输公司的工作邀请时，史密斯说："我对航空业没有兴趣。"

当令人感兴趣的航空业几乎就不存在时，他又怎么可能对它有任何兴趣呢？对于史密斯来说，幸运的是，不管怎么样，他接受了这份工作。

骑上企业型赛马的最佳时机需要趁早，而最好的企业型赛马就是领先行业里的领先企业。你如何识别一个领先行业呢？有了事实，识别起来就简单多了。比如，20世纪30年代的航空业、40年代的无线电业、50年代的电视业，还有80年代的个人计算机业。

机遇并不总是出现在领先企业里的高层，而是存在于各个层次。卡罗尔·巴茨（Carol Bartz）在一家大型公司（数字设备公司）获得了工作经验后，于1983年加入了那时才刚刚起步的太阳微系统公司。巴茨将该公司的营销部由10人发展到120人。1987年，她接管了太阳微系统公司的联邦分部，并在1年时间内将销售额提高了3倍，达到1.15亿美元。

作为奖励，她被提升为负责全球一线业务的副总裁，在她前面还有很长的职业道路。那时，卡罗尔·巴茨才41岁。

在20世纪80年代，个人计算机业属于领先行业。那下一个领先行业会是什么呢？事实没有出现之前，没有人知道。这使得驾驭企业型赛马成为一次大赌博，正因为如此，我们为它设定了这么高的投注赔率。

然而，为了增加你个人成功的概率，需要做的就是从潜在企业清单上勾掉那些绝对不是领先行业的候选机构。这些几乎包括了所有的巨头型企业：通用汽车、通用电气、通用动力等。实际上，应该勾掉所有以"通用"、"标准"、"国际"或者"美国"开头的企业。

如果你坚持在一家大型公司碰碰运气，那么就需要一个不同于"早起的鸟儿"的策略。我们开始介绍第二种方法。

做一个政治家

汤姆·沃森有一次问罗斯·佩罗，如果他待在IBM的话，会取得怎样的成功。"我可能会在中级管理层某个位置被要求提前退休。"佩罗回答说，"我在大企业里不可能取得成功，我太直率了，目的性太明确了。"

大企业里的生活就是一碗意大利面，你不能太直率，你必须委婉、间接。你必须学会怎样做一个政治家。

你不能依靠自己的努力到达企业的高层，你必须依靠提拔。

谁来提拔你？别人。这就是你想要在大企业里出人头地就必须成为一个政治家的原因。**把工作做好只是第一步，你必须找到一种方法，让别人知道你能够把工作做得很好。你的工作技能没有你的政治技能重要。**

如果翻开任何一个成功主管的人生历史，你常常会看到一个或者多个保人的名字。

当托马斯邀请巴尼加盟温蒂国际公司的时候，他并不是在跟一个陌生人谈话，他们两人曾经一起卖过肯德基。

如果你想在一家大企业取得进步，就必须努力工作，安分守己。但那只相当于为自己买了一张彩票。要想赢得其中的一个大奖，你需要一个保人。

让我们看一下导师和保人的区别。导师通常比你年纪大，对你的事业有着个人兴趣，给你提供免费的建议。

保人同样也对你的事业有着个人兴趣，并且给你提供免费的建议，但他比导师更进一步。保人会提拔你，或者至少会利用他的影响力影响那些可以提拔你的人。

如果你在为一家《财富》500强企业工作，或者任何类型的一家大型机构，要问自己最重要的问题不是"我做得怎么样"，而是"我的保人是谁"。没有保人，你将停滞不前。

你的工作做得多好并不重要。许多大企业名声很差，原因在于他们聘请工作干得漂亮的员工，却让他们待在原来的位置。（为什么冒险提拔某人到一个不同的岗位，结果最后两份工作都做得很糟？）

难道大企业不把员工调动到不同岗位，让他们获得更广泛的经验吗？当然它们是这样做的。这些员工就是那些有保人的年轻人。

许多企业都有严格保密的"高潜力"员工名单。你在你们企业的快车道名单上吗？尽最大可能证实这点，这样也能省去你多年的痛苦。如果你不在快车道名单上，我们给你的建议就是继续阅读本书、继续跳槽。你不可能把一根绳子推上山，只能把它拉上去。

当沃尔特·里斯顿（Walter Wriston）当上花旗银行的首席执行官时，该银行在95个国家设有2 437个营业点，雇员人数达到5.9万。

　　然而，这份至关重要的名单上只有75个名字。该名单叫做"公司资产名单"，上面有75名被认为具有高层管理潜力的员工。

　　花旗银行的人事部门为里斯顿安排了一些参观活动，看看各地银行里一些低层员工的情况。他跟他们谈论了什么呢？家庭、体育、娱乐，还有业余活动。

　　你可以看到这种模式。如果你想在大企业升迁，就必须做一个政治家。你必须广交朋友，而不是兴风作浪。在企业这种环境里，说的比做的重要，尤其是当你把这些话在合适的时间说给合适的人听时。无论如何，跟你的首席执行官谈论下你的配偶和可爱的孩子，谈谈你所属的宗教派别，讲讲在你家里聚会的男女童子军，聊聊你花时间和金钱支持的诸多慈善机构。

　　不要做有争议的人，不要支持堕胎，不要反对堕胎，尤其是不要在毒品的合法性这样的问题上采取不受欢迎的立场。这种事情要让前国务卿乔治·舒尔茨这样的退休的政治家来做。

　　除了像一面镜子一样反映他的选民的兴趣和观点外，政治家还能是什么呢？当一个政治家不能反映正确信息的时候，选民们就会打碎这面镜子。

　　"人们都喜欢和自己相似的人。"里斯顿说，"正是因为这个原因，克隆才这么受欢迎。"他说这些话来告诫他人不要掉进克隆陷阱。

　　看看今天花旗银行的高级管理层，你看到了什么？克隆型男性白人。

　　比如华尔街最大的私人合伙公司高盛公司，高盛有128个合伙人，包括有1名女性和127名男性。

　　在短期内，性别平衡不太可能有所改变。当被问及是否要再增加1名女性的时候，一个高盛合伙人说："近期，我们没有发现哪个人看上去像认真的合伙人候选者。"当然，女性不会看上去像男性。

　　当为大企业工作时，你有两个选择：①进入快车道名单；②离开该企业。

　　正是因为你有头衔，才意味着你没有在名单上。有时，大企业大批量分发头衔作为"替代品"，用其替代金钱，替代晋升，替代更大的办公室，等等。

　　广告代理机构奥美广告公司有320多名副总裁或者更高头衔的人，并非所有这些副总裁和高级副总裁都能得到更多的利益，绝大多数不会。从所占全部员工人数比例的角度来说，奥美广告公司有20%的人拥有副总裁或者更高的头衔。恒美广告公司（DDB Needham）有19%，麦肯光明广告公司（McCann Erickson）和扬雅广告公司（Young & Rubicam）有16%的人拥有副总裁或者更高的头衔。

　　"或者更高的头衔"本身就是一个相当大的范畴。试着给纽约的盛世长城（Saatchi & Saatchi）打电话，找他们的董事长。"找哪一位董事长？"接线员会问。盛世长城有3位董事长、2位总裁、3位副董事长、2位首席运营官，还有很多执行副总裁和高级副总裁。

　　银行业的情况更糟，做一个银行的副总裁往往只意味着你有一张办公桌。花旗银行有成千上万名副总裁，大通曼哈顿银行也是如此。

曾经有一段时间，沃瑟斯坦－佩雷拉投资银行公司（Wasserstein, Perella & Company）有1位董事长、1位国际董事长、4位副董事长、17位经营主管和15位副总裁，所有这些人管理大约100名专业人士。

做一个克隆人，找到一个保人，进入快车道名单，是一个政治家的三种最重要的属性。罗杰·史密斯在通用汽车里的崛起就证明了这三点。

三位前任董事长弗雷德·唐纳、理查德·格斯滕伯格和汤姆·墨菲都曾经是会计，史密斯也是一名会计。

20世纪50年代中期，墨菲是通用汽车里的一名金融分析师，负责为华盛顿特区的关键性反托拉斯听证会准备资料和数据，史密斯被要求提供帮助。

史密斯帮助墨菲准备了大量研究报告，包括很多资料和数据，表明了通用汽车在国家的招聘和国民生产总值方面的积极影响。这次听证会取得了成功，史密斯也因此有了保人。

墨菲在升职过程中也一直提拔史密斯。1974年，汤姆·墨菲当上了董事长。史密斯被任命为副执行董事长，负责财务工作。6年后，史密斯进入公司的核心位置。

我们的研究结果揭示了大企业的一个显著特点：圈内人没人能够在不和前任首席执行官有个人关系的情况下进入高层。有时，这些关系会持续几十年，从前任首席执行官上任很久之前就开始了。

这就是像财务这样一个职员位置的好处，它可以给你一个与首席执行官个人的、有时是日常的接触机会。如果你远在外地的一线岗位工作，在一段时间里，你可能几个月都见不到首席执行官。这就给总部职员岗位上政治类型的人提供了数不清的机会，说你的坏话。

骑上企业型赛马，你也必须要有多面性。从外表看，你必须是团队的一员，而在内心深处，你必须是一个顽固的个人主义者，你必须掩饰你的竞争本能。

"到达企业高层的人中，很大比例的人都避免发生冲突。"心理问题执行顾问迪伊·索德（Dee Soder）说："他们不喜欢听到负面消息，不喜欢谈论负面消息，也不喜欢思考负面消息。他们经常能够成功地爬上企业高位，部分原因是因为在往上爬的过程中不惹怒他人。"

企业的规模越大，缺乏合作精神的员工越有可能在远没有到达高层之前就被清除出局。当你在一个像通用汽车那样的大企业工作时，你必须不断地展示你的忠诚，而不是你的才智。

这就是猫和狗的区别。狗会摇着尾巴欢迎你回家，它会讨好你，对你的每次心血来潮的想法做出快速的反应。相反，猫一般会忽略你，对你的愿望也无动于衷，猫有自己优先考虑的事情。

企业有很多为它们工作的猫和狗，狗是急切的、热情的、温顺的、笨手笨脚的团队成员。而猫是安静的、有能力的、深思的、性情平和的个人主义者。

那么谁会得到提拔呢？当然是狗。谁更聪明呢？科学事实表明，猫比狗要聪明得多的多。如果你想到达企业高层，那么就像猫一样聪明，像狗一样行动。

也许不应该是这个样子。如果企业忽略狗，更加关注猫，或许其境况就会好很多。但是现实情况确实就是这个样子。如果你想骑上企业型赛马，就必须付出这个代价。

在汽车行业，吉姆·拉·马尔（Jim La Marre）就是最聪明的猫之一，他是促使沃尔沃汽车兴盛的营销天才，沃尔沃汽车已经成为美国市场上最畅销的欧洲豪华轿车品牌，但他也是一个骄傲、倔强的人。

为了在企业世界里如鱼得水，你必须折中你的原则。当瑞典的沃尔沃批准该公司参加由美国交通部在华盛顿特区举办的展览时，新泽西的拉·马尔表示反对。对于沃尔沃的常驻营销天才来说，这只是个原则问题，结果很快他就离开了该公司。

那些像拉·马尔一样试图挑战企业制度的人，被认为是不好的团队角色。即便没有被企业开除，他们常常也会发现通往企业高层的路被永远阻断了。**爱唱反调的人要当心，当你在一家大企业工作时，其潜台词是：要么加入企业，要么加入失业。**

罗伯特·斯坦普尔（Robert Stempel）任通用汽车企业新董事长的第一天，举行了一次新闻发布会。发布会的目的是向大家介绍斯坦普尔的团队，即通用汽车公司的7位高级主管（当然，全部是男性），他们将在21世纪执掌该企业。在斯坦普尔先生和其他主管的简短发言中，"团队"或者"团队合作"这两个词被用了24次。可能来自同一个团队的这些成员介绍了这样的失败者，像菲埃罗、西马伦和阿兰特。

团队合作并不只是大企业特有的性质，许多小企业也非常尊崇这种理念，而且它们可能会非常苛刻地对待那些违背官方政策的人。

安德烈亚斯·贝克托尔西姆（Andreas Bechtolsheim）是最大的计算机工作站制造商太阳微系统公司的创始人之一，当他还是斯坦福大学学生时，这个联邦德国人就设计了他的第一台计算机，即专为工程师和科学家使用的所谓的工作站。当贝克托尔西姆先生没能把他的机器卖给一家更大规模的企业时（"非本企业发明"问题），他于1982年和3个合伙人成立了太阳微系统公司。尽管太阳微系统公司有着辉煌的成功，但并非一切都是甜蜜的、光明的。当贝克托尔西姆提议建造SPARC台式工作站的时候，遭到太阳微系统公司高级主管的反对。他几乎就要辞职，创建自己的企业。

事实上，贝克托尔西姆确实创建了自己的新公司，名叫UniSun，把他的新计算机推向了市场。直到太阳微系统公司同意建造SPARC台式工作站，并且贝克托尔西姆把UniSun卖给太阳微系统公司后，他们之间的争吵才得以解决。正如你可能预料到的，SPARC取得了巨大的成功，今天，它占太阳微系统公司所有计算机单位销售额的75%左右。

做一个耀眼的人

如果你想取得进步，就必须找到一种方法把自己展现给高级管理层。这在大企业行得通，在大的政府机构也同样有效。

斯蒂芬·波茨（Stephen Potts）是华盛顿的一名律师，1990年6月，他被任命为国家最高伦理一职。尽管波茨先生被选为政府伦理局（Office of Government Ethics）的负责人，但他没有在政府机构工作的经历，也没有伦理法方面的背景，而且他也没有在布什竞选中工作过。他是怎样遇见总统的呢？

在网球场上，他回答说。就这方面而言，他不是唯一一个。

曾任布什政府财政部部长的尼古拉斯·布雷迪（Nicholas Brady）第一次遇见乔治·布什是在网球场上。

曾任布什政府国务卿的詹姆斯·贝克（James Baker）和乔治·布什成为朋友，是他俩在休斯敦乡村俱乐部的锦标赛中赢得了双打比赛的时候。

国内政策局长罗杰·波特（Roger Porter）第一次遇见乔治·布什是在他俩都受福特总统之邀到白宫参加双打比赛的时候。

前任内阁部长戴维·贝茨（David Bates）还是孩子的时候，和布什的儿子杰布打过网球。

网球只是通往大型机构顶层的途径之一，最重要的因素是要露脸。如果你没有找到一种把自己展现给高级管理层的方法，那你就没有好运可言了。假如你在通用电气工作了20年，杰克·韦尔奇本人并不认识你，那么在该企业你的工作将没有任何前景。

个人关系是你努力攀登企业阶梯的关键。在一项针对1949年哈佛商学院毕业生的调查报告中，《财富》杂志称："几乎所有成就卓越的人都得到过他人的提携。"

这群人被称为"美元砸在头上的一届"，因其诞生的众多首席执行官和聚集的大量财富而著名。大都会美国广播公司的首席执行官托马斯·墨菲是由弗兰克·史密斯介绍进来的，他是墨菲父亲的朋友——大都会美国广播公司的创始人。史密斯先生于1966年去世，时年41岁的墨菲接任了他的职位。

一直担任强生企业首席执行官的詹姆斯·伯克（James Burke）在年轻的时候，和企业首席执行官的儿子博比·约翰逊（Bobby Johnson）成了朋友，他们的友谊大大推动了他攀登企业阶梯的步伐。

IBM的老汤姆·沃森以这点出名：容易一下子喜欢上某人，并对其提拔重用。有一次，他在听IBM其中一个最年轻的分部经理做演示的时候，心血来潮地说："讲台上那个人给人印象太深刻了，他将是我们新的销售总经理。我现在就宣布这个决定。"他说做就做了，这让观众非常吃惊，因为那个站在讲台上的人从最初级的职位一跃而成了几乎所有人的老板。

在沃森的各个秘书的升迁中也可以发现个人关系的力量。弗雷德·尼科尔（Fred Nichol）是沃森在国家收银机企业（National Cash Register）的秘书，并跟随他一起跳槽到IBM。最终，尼科尔被提拔为企业副总裁兼总经理——IBM的第二个重要职位。约翰·菲利普斯（John Phillips）一开始也是沃森的秘书，最后官职升到企业总裁兼IBM的副董事长。**如果你想取得进步，就要接近权力之源。**

约翰·奥佩尔（John Opel）是小汤姆·沃森的行政助理。奥佩尔最终当上了董事长，成为IBM众多人中因为在高层有个人关系而受益的又一个例子。

外界专业人士和管理顾问有很多机会和高级管理层建立个人关系。许多顾问直接从麦肯锡、博思艾伦咨询公司或贝恩公司调到客户机构里的高级职位。如果考虑顾问和雇员承担同一个高水平的工作时，顾问与雇员相比有两种优势：

（1）顾问有更高的地位（客户把顾问看做与其平等的人，而不是其下属）；

（2）顾问更聪明（任何一个每小时收取数百美元的人肯定有点本事）。

律师们常常会展示纯个人关系的力量。许多律师在人员管理方面没有经验、对所涉及的产品和市场也知之甚少，在这种情况下，他们都能够成功地被聘来执掌大企业。客户与律师之间的关系中肯定有某种令律师备受尊敬的东西。在董事会会议室里，律师似乎完全知道法律会如何解释每一件事（在法庭上，意见存在很多的差异）。

理查德·多纳休（Richard Donahue）被任命为资产达20亿美元的耐克公司的总裁兼首席运营官。多纳休先生是马萨诸塞州洛厄尔家族法律事务所多纳休企业（Donahue and Donahue）的合伙人，他在耐克企业当了12年的董事。然而，他在经营企业和制鞋行业经验却很有限。他所拥有的就是和耐克企业的首席执行官兼创始人的菲尔·奈特之间的亲密友谊。

类似的故事只是冰山一角，并不只是律师和咨询师与公司高层有个人关系。事实上，大部分成功爬上公司阶梯的主管是凭借个人关系。成千上万的总裁和董事长晋升到公司高层的真正原因被深深地埋藏在他们的记忆深处。企业演示、董事会会议、工作午餐、高尔夫球比赛等，可能出现的是这样的情形，常有这样的场合，年轻的未来首席执行官吸引了某位高层的注意。从那一刻起，他成为一个出众的人。

如果你想竞选高层，首先你必须吸引当时已经位居高层的人的注意，这并不容易。通用电气已经有超过29.2万名雇员。你认为杰克·韦尔奇知道他们当中多少人的名字？我们估计400左右吧（而且很可能他对其中的350名雇员有负面印象）。

如果你在通用电气工作，你的问题不是你的工作、你的薪水或者你最近一次的表现评估。你的问题是被看见，你怎样才能引起杰克的注意呢？

不要做愚蠢的事情，比如给他写封信，解释你对通用电气新企业战略的想法，这会让你当场毙命，并且你永远也不会得到给他人留下第一印象的第二次机会。

实际上，根据你的职位，你必须努力爬到高层可以看得见的梯子上。你的老板知道你，你的老板的老板也很可能知道你。但是你职位之上的第三级的人呢？你怎样才能引起这个人的注意？

最好的方法就是像那位IBM年轻的分部经理获得销售总经理的职位一样，做一次精彩的演示。

想要有机会坐上董事长的交椅，你必须擅长独立。任何才能都最多只能让你有能力做一次精彩的演讲。对于你将来的成功，好的演讲才能比思考或者写作的能力更加重要。嘴比大脑更有力量。（你永远可以挖掘你身边的那些人的思维，而在大企业工作的优势之一就是，你的身边总是有很多人。）

如果你还在上学，尽可能多地选修公共演讲课程。如果你已经离开了象牙塔，那就尽可能把精力投入公司演示。你永远不知道，当你在演讲的时候，恰好有企业高级管理层的哪个人经过。

最重要的一点是，要练习、练习、再练习。演讲就像打高尔夫球，不管你有多少天赋，如果你勤加练习，会做得更好。如果你能找到一盘自己的演讲磁带，就要听、听、再听。你不会喜欢你所听到的一切，但是这样却可以帮助你完善自己的演讲风格。（一个录有你自己的演示和演讲的微型录音机，会比个人计算机更加有利于你在企业事业道路上的进步。）

做一名英雄

这可能不好把握。对企业内部，你必须赫赫有名，然而对外，你必须保持几近隐形的状态。

你怎样变成企业内部的一名英雄？最简单、最直接的方法就是，让自己与你的企业计划推出的最耀眼、最激动人心的新产品或服务联系在一起。

罗伯特·夏皮罗（Robert Shapiro）在1979年加盟西尔制药公司之前，当了16年的律师。因为律师们具有商标和专利方面的经验，他们常常在新产品任务方面能够获得内部消息。

被分配到NutraSweet集团，夏皮罗的重大突破出现了。他先当了总裁，紧接着，在西尔制药公司被孟山都企业（Monsanto）收购后担任董事长。由于NatraSweet集团拥有牢固的专利地位以及保健产品的巨大成功，它为孟山都企业赚了大钱（即便在扣除了与专利价值相关的1.8亿美元记账费用后，1989年该企业还是从 8.69亿美元的销售额中实现了1.8亿美元的利润）。

夏皮罗得到的奖励就是晋升到孟山都企业的大型农产品企业。

作为孟山都农产品企业的新任总裁，夏皮罗先生现在不久就会晋升到企业最高领导（如果你没有涉足农产品，你就不可能当上孟山都企业的首席执行官。Roundup和其他农产品化学企业的规模是孟山都企业的2倍）。

让自己在孟山都企业露脸是一回事，但是你在全世界最大的汽车企业通用汽车该怎么露脸呢？通用汽车在全世界拥有77.5万名员工，包括36名副总裁，可是除了工作任务最显眼的罗伯特·斯坦普尔以外，就是斯基普·勒福弗（Skip LeFauve）了。

勒福弗是Saturn的总裁。"不仅仅是轿车！"《商业周刊》评价说，"它是通用汽车重新塑造自己的希望。"当Saturn作为一个独立子企业成立的时候，当时的董事长罗杰·史密斯宣称它是"通用汽车长期竞争力、幸存和成功的关键"。如果太阳在Saturn上大放光芒，勒福弗紧随斯坦普尔之后坐上董事长的宝座还会有什么疑问吗？

除了确保Saturn获得成功（确实是个艰巨的任务），勒福弗只有一个潜在的问题：个人的知名度。知名度太高，他就必死无疑。那36个副总裁会当午餐一样吃了他。

今天在大企业里的趋势是：袖手旁观，谨慎做事。不要陷入圈套，去做光芒四射的Saturn类型的工作。有时这么做很有效，有时却并非如此。这取决于你的竞争对手做了什么。如果其中一个在露脸程度很高的工作中立下了大功，你就只能袖手旁观，谨慎做事，然后败出局去。

如果你确实得到了这种大露脸的工作，这一原则同样适用。常见的做法就是，谨慎地开始这个工作，摸索两三个月，直到站稳脚跟。这种做法是错误的。确保尽快采取强硬、大胆的行动才是正确的。

在开始的100天内，你是"防弹型"。确保自己用正确的方法做正确的事情，特别是一些令人讨厌的事情，如关闭一家工厂、停产系列产品或者解雇员工等。给你委派工作的人在前两三个月里是不会开除你的。这样的话，会给那个人带来不利的影响。你可以自由行动，要利用这一点。

与露脸工作相反的是提供"良好经验"的职位，比如，一份海外职务。避免这样的工作。**不要接受首席执行官视线之外的任何工作，这种任务都是死路一条。即便你取得了成功，也无法成为赢家。**

在一个像通用汽车这样的名副其实的大企业，至少有98%的主管职位是死路一条。这些工作没有任何发展前途，因为这样的工作得不到高层管理者的重视，或者因为这样的职位不在管理者的视线之内。拿广告宣传或者公关职位来说，在通用汽车的这些岗位上，你永远不可能有任何发展。要么另外换个岗位，要么另外找家企业。

在大企业，有成百上千的相似职位。这些职位从来没有任何前途，将来也不会有。不要试图去挑战企业体制，不要让某人告诉你这样的职位可以让你积累"良好的经验"。它们的确提供良好的经验，但却是从反面的角度说的。"现在我知道了我为什么从来都不应该接受这样的工作"是你要得到的唯一的经验。

当企业经营良好的时候，常常会从内部提拔人才，这就是那个政治家或是英雄接手的时候了。但是当企业经营不好的时候，内部人士是没有机会的，这时需要的是新鲜血液。

形势会变得十分糟糕。想想 1978年的克莱斯勒，或者今天的西联国际。当公司境况"低迷"的时候，你面临的就是骑虎难下的局面。"如果你愚蠢到为我们工作的地步，你不能当真以为我们会挑选你当我们的首席执行官。"

做一个救星

李·艾柯卡是骑着白马来到克莱斯勒企业的，带着他在福特取得的成功的光环。这并不罕见。

当一家大企业陷入困境的时候，经常会求助于比较成功的竞争对手企业的首席执行官。克莱斯勒很幸运地发现李·艾柯卡有空。艾柯卡是一个例外，因为他从一个大企业跳槽到一个小公司。大部分跳槽是相反的，从小公司到大企业。

如果你出牌正确的话，你也可以骑着白马，以救星的身份迅速到达顶峰。

46岁的时候，斯蒂芬 M. 沃尔夫（Stephen M. Wolf）当上了阿勒基斯企业（Allegis）的董事长兼总裁，他的第一个举措是将企业名称改回到联合航空集团，也就是联合航空企业的控股企业。

在一个46岁相对比较年轻的年纪，你怎样当上一家拥有6.3万名员工的航空企业的董事长呢？你不是通过勤奋工作攀登阿勒基斯企业的阶梯的。阿勒基斯企业的梯子已经断了。

实际上，这家航空企业有一个能人，名叫约翰·齐曼(John Zeeman)，从任何一个角度来说，他理应坐上沃尔夫的职位。可是，联合航空企业的所有人都被阿勒基斯企业的灾难毁坏了名声。

"我们的名字现在可能没有那么大的意义，但是将来会有很大的意义。"前任董事长理查德 J. 费里斯（Richard J. Ferris）说，"我们的顾客在乘坐联航飞机、租用赫兹轿车或者入住威斯汀或希尔顿国际酒店的时候，阿勒基斯企业将满足他们所有的期望。"

费里斯辞职之后，阿勒基斯企业董事会转向了救星沃尔夫。内部人没有这个能耐（他们本该阻止费里斯做愚蠢的事情）。

沃尔夫有过许多当救星的经验。他在美国航空公司里的最初几年，就当上了分部副总裁。他的第一个救星行动就是在1982年担任大陆航空公司的总裁，然后在弗兰克·洛伦佐（Frank Lorenzo）将公司弄到破产之前离开。沃尔夫接着到了共和航空公司（Republic Airlines），然后是飞虎国际公司（Flying Tigers）。

从美国航空公司到大陆航空公司，再到共和航空公司，然后到飞虎公司，最后到联合航空公司：通往航空业顶峰的道路常常以频繁"换机"为标志。

救星是工业领域里的职业棒球运动员。诱惑沃尔夫从飞虎国际公司跳槽出来，需要600万美元的雇佣薪资[用这么多的钱，他们本可以买到达利尔·斯托贝里（Daryl Strawberry）]。

救星并不总是男性，特别是在零售、时装和化妆品这样的行业。

在37岁的时候，罗宾·伯恩斯（Robin Burns）当上了雅诗兰黛美国公司的总裁兼首席执行官，美国分公司是这家化妆品企业最大的分公司，销售额达到6.5亿美元。除了雅诗兰黛这个百货商店最畅销的化妆品品牌以外，该公司还向女性销售倩碧、向男性销售雅男仕系列产品。

罗宾·伯恩斯的化妆品生涯是从布鲁明代尔百货公司开始的。1983年，她加入迷妮唐卡（Minnetonka），担任该企业卡尔文·克莱恩（Calvin Klein）分部的总裁[迷妮唐卡的创始人罗伯特 R. 泰勒（Robert R. Taylor）说，他在看了她主持的一个会议之后聘请她的，那个会议的参加者包括布鲁明代尔百货公司的主管人员]。

卡尔文·克莱恩算不上是一家公司（年销售额600万美元），直到罗宾·伯恩斯与这位设计师一起启动了轰动市场的香水"迷惑"（Obsession）。1989年，销售额猛增至2亿美元以上，并且伯恩斯女士已经准备好迎接她的下一个挑战。

当大企业遭遇麻烦的时候，救星市场有望扩大。实际上，美国4家最大的工业公司中的3家曾经陷入严重的困境，它们是通用汽车、埃克森和IBM（第四家企业是福特，到目前为止，发展状况良好）。

当企业陷入困境时，它们会向救星求助。"雇请外部管理者有望成为20世纪90年代的主要趋势。"理查德 M. 费里（Richard M. Ferry）说，他任职于最大的管理招募企业科恩－费里国际企业（Kom Ferry International）。

总而言之，企业型赛马是美国最受欢迎的坐骑。每年，数以百万计的大学毕业生成群结队地找招聘人员面试。当决定接受哪家企业的工作录用函时，"越大越好"似乎成为一条规则。

要做到有备无患。除非你有当个"早起的鸟儿"的先见之明，或者当个政治家的胸怀，或者有当个耀眼人物的毅力，抑或有当个英雄或者救星的运气，要不然的话，通往企业高层的道路是很艰难的。

　　企业是一个助你成功的绝佳场所，特别是规模庞大、名望很高的企业。如果你的简历中有IBM或者通用电气，你或许可以充分利用这些工作经历，驾驭一匹比较好的马骑上一程。

　　当你离开大企业的时候，不要过河拆桥。你只要道一声"再见，祝好运，保持联系"。你会发现，当你更换坐骑继续下一段旅程时，你可以用到这些企业的朋友。

POSITIONING

第 7 章

产品型赛马

"我恐怕永远也不可能想出一个新产品的创意，这可不是我的长项。"你是这么想的吗？

如果是的话，就不要跳过本章。其实，**你是否具有创新能力并没有那么重要。即使你没有什么创新的天分，也同样可以跨上这匹产品型赛马。**

事实上，天分有可能成为你前进路上的障碍。而要将成功的希望寄托在产品型赛马身上，其中的关键则是你判别他人天分的能力。

切斯特·卡尔森（Chester Carson）通过发明赚了些小钱，而哈洛德公司（Haloid）的管理者却发了大财，因为他们认识到卡尔森的发明的价值。

几乎所有产品上的重大突破都会涉及两种人：一种是发明者，另一种则是意识到其中价值的人。

发明者或许能得到超级订单，而意识到其中价值的人则能赚取超级财富。麦克唐纳兄弟与雷·克罗克相比，就是这样的例子。

发明常与领悟相伴

发明者经常会被人与这样的场景联想在一起，他坐在那里说："我要做个百万富翁。那就看看我能发明什么？"

这种场景和实际情况大相径庭。**很多发明听起来都像是巧合，它们在很大程度上取决于你是否能从发生在身边的事情中领悟到什么。**

切斯特·卡尔森大学毕业后拿到了物理学的学位，但他却没能找到一份专业对口的工作（巧合之一）。

后来，他只在纽约一家装配专利产品的小型电子公司谋得一份在专利办公室里的工作（巧合之二）。

这份工作说起来就是誊抄图纸和技术说明，卡尔森感觉这活儿实在是枯燥无聊之极，而恰恰是这份沮丧成了触发静电印刷术的火花，卡尔森决定要发明一种简便易行的文件复制方法（被动的想法，并非什么主动的畅想）。

接下来，他并没有一头扎进实验室去和各种化学制剂较劲儿，为什么还要去发明一些已经有人发明过的东西呢？他对所有关于摄影和物理光学的资料进行了研究，数月的书面研究之后，他发现有一种被称为光电导性的物理特性，可利用光线影响物质的导电性能。这一关键启发最终导致了静电印刷术的发明。

把目光放得更加开阔一些，摆脱局限你自己的各种因素。通过观察周围发生的一切，发挥你的天分，而不是挖空心思闭门造车。一个发明者需要有匹坐骑，哪怕这匹马身上已经发霉，它或许都能帮上你的忙。

亚历山大·弗莱明（Alexander Fleming）就是个很好的例子。巧合的事情发生在弗莱明实验室里一个布满细菌的皮氏培养皿里，一株青霉菌落在了上面。正要扔掉这个培养皿时，弗莱明注意到，青霉菌杀死了它周围的菌群。这个发现就是一种领悟。

在那之后，第一种抗生素青霉素的推出就只是个时间问题了。

许多在经济上取得成功的发明都基于简单的观察发现。安·穆尔（Ann Moore）在非洲和平队作志愿者的时候，发现非洲妇女会用折叠的布带把孩子绑在身上。1984年，她取得了一种柔软舒适的婴儿背抱带的专利，父母亲可以用它把婴儿背在背后或抱在胸前。

这个观察成果变成了如今的透气婴儿背带，它几乎是所有新生儿家长的一个"标准配置"。

警惕市场调研

在你找到了一匹看起来不错的产品型赛马之后，你的第一个打算可能就是把它拉出来遛遛，看看它是否有潜力。换句话说，就是做一些市场调研。

要留心，重要的产品创意的检验结果通常不会很好。比如，通用Univac率先将一个叫做计算机的产品创意拿出来试水，后来却把早期的领先地位输给了IBM。通用Univac落败出局的一个原因就是它自己做的市场调研，那次调查把握十足地预计，到2000年，计算机的应用数量将只有1 000台。为什么要发明一种市场潜在规模如此有限的产品呢？

通用Univac真的是十分不幸，而IBM并没有花钱做什么市场调研，所以他们也无从知晓关于计算机的这个坏消息。取而代之的是，他们铆足劲杀进市场，而这个市场后来的发展是当初那些市场调研者做梦也想不到的。

IBM也有自己的不幸，它对普通纸复印机市场的调研曾花了不少钱。1959年，哈洛德公司的人来找IBM共同开发914复印机，并一同将其推向市场。

IBM请了阿瑟 D. 利特尔咨询公司（Authur D. Little）作顾问，

调查普通纸复印机市场，并就如何答复哈洛德公司的求助给出建议。在翔实的财务和市场分析之后，阿瑟 D. 利特尔预计，新型施乐复印机的销量不会超过5 000台。

很自然，IBM拒绝提供帮助。8年以后，施乐（这是哈洛德公司的新名字）生产并出售了19万台复印机。施乐的员工人数也从900人猛增到2.4万人。

无论你是在大公司工作还是在小公司上班，也无论你是在为自己做事还是为他人打工，大千世界之中，总有一天你也会和与914型复印机意义相仿的东西擦肩而过。当你遇见它时，你能意识到这种机遇吗？

保罗·艾伦和比尔·盖茨在西雅图时是高中同学，在马萨诸塞州他们各忙各的。艾伦在霍尼韦尔工作，盖茨则进了哈佛读书。

有一天，艾伦在哈佛广场上看到了1975年1月那期《流行电子》（*Popular Electronics*）的封面，上面写道："突破性项目！阿尔泰（Altair）8800，世界第一套小型计算机，能与任何商业型号相媲美。"

艾伦跑去跟盖茨说，他们的好运来了。他们深谙计算机编程。他们可以为世界上第一台个人计算机阿尔泰8800编写一个基本软件程序。

6周后，艾伦飞到阿尔伯克基，那是阿尔泰8800的制造商微型仪器和遥感系统公司（MITS）的所在地。示范表演非常成功，就这样，微软作为一家微型计算机软件公司做成了它的第一桩买卖。那年，艾伦20岁，盖茨19岁。

保罗·艾伦在1983年离开微软，与霍奇金病作斗争，他胜利了。

现在，艾伦仍然持有10亿美元的微软股票，比尔·盖茨持有20多亿美元的股票。

在一生当中时机尤为重要。（我们会在后文更详细地论及这一点。）如果盖茨和艾伦没有看到那期《流行电子》的封面，如果他们没有给微型仪器和遥感系统公司的老板打电话，如果艾伦没有飞去阿尔伯克基，那么还会有今天的微软吗？

1975年的时候你在做什么？你看到了《流行电子》上面有关阿尔泰计算机的报道了吗？你寄出一张397美元的支票去买了一台来吗？

有2 000人购买了这种计算机。该杂志的一位投稿人哈里·加兰（Harry Garland）不无敬畏地说："这是一次毫无疑问、轻而易举、一夜之间、不失疯狂的成功。"

除了艾伦和盖茨、乔布斯和沃兹尼亚克以及少数其他人，大多数人（包括我俩）都错过了这个计算机的机会。

其实，我俩当中的一个那时深受启发，花了5美元买了一份阿尔泰8800的手册，这个册子现在怎么也该值10美元了吧。我们本应该跳上下一班前往阿尔伯克基的飞机，向埃德·罗伯茨（Ed Roberts）提供我们的服务。

你获得大量的事先警告

时机至关重要，然而你总有大把的时间骑产品型赛马，这真有点自相矛盾。如果你能慧眼识得获胜的那匹马，你就可以不慌不慢地给马装马鞍了。

1947年，在贝尔实验室里发明了晶体管。人们几乎立刻就能看出，它将取代较为庞大、较为昂贵、可靠性较低的真空管。当时的无线电或电视机中的关键部件都采用的是真空管。

奇怪的是，根本就没有人用晶体管来取代真空管，至少在美国没有人这么做。美国领先的生产商都为自己的超外差式收音机深感自豪，认为其工艺和质量都是无法超越的。这些生产商称，虽然他们都关注晶体管，但不到"1979年前后"，它是"不会到位的"。

当时，在日本以外的国家基本上没有人知道索尼产品，它甚至不属于消费类电子。但是，索尼公司的总裁盛田昭夫看到了晶体管的潜力，只用了2.5万美元这一小笔钱便从贝尔实验室悄悄买下了晶体管的使用许可。在随后的两年中，索尼生产出第一台手提式晶体管收音机，它的重量只有类似的真空管收音机的1/5，价格却更便宜。由于这种收音机的价格仅为真空管收音机的1/3，所以到20世纪50年代早期，索尼占领了整个美国的廉价收音机市场。

第二次世界大战刚刚结束的时候，微波炉就开始投入使用了。30年后，也就是1976年，只有不到4%的美国家庭拥有微波炉。接着，微波炉市场开始迅猛增长。今天，拥有微波炉的家庭超过了50%。

正当大多数公司试图使各种现有产品微波化时，吉姆·沃特金斯（Jim Watkins）突然想到一个好主意。他可以成立一家公司，生产只能用微波炉烹调的食品。

那是1978年，沃特金斯当时还在贝氏堡公司（Pillsbury）工作，负责为自动售货机市场开发微波食品。他确信微波食品的市场需求很大，于是离开贝氏堡，成立了金山谷微波食品公司（Golden Valley Microwave Foods）。

1981年，沃特金斯带着Act Ⅰ产品进入微波爆米花市场。Act Ⅰ是一种含有真正黄油的冷冻食品，它具有特殊的外包装，可以使玉米粒爆得更开。从此，该公司就一发不可收拾。1981年，它的销售总额仅为320万美元，而今天，金山谷的产值已达1.38亿美元。

例如，苹果Ⅰ直到1976年7月才面市，那是在阿尔泰8800登上《流行电子》封面一年半之后。大获成功的康柏电脑公司直到1982年才成立，那是在IBM推出个人电脑一年之后。

然而，早早地骑上产品型赛马仍然很重要。到1988年史蒂夫·乔布斯推出NeXT计算机之时，或许已经为时过晚。NeXT计算机被丢在了起跑门那里。

你如何才能识别一匹上等的产品型赛马呢？问得好。首先，你可能需要稍稍具备一些你所研究的那个产品领域的经验。这样，你才更有可能在自家的后院里发现机会，而不是去别人的地盘上寻找新奇的东西。

迈克·马库拉（Mike Markkula）是一位电气工程师，他曾任职于两家最成功的计算机芯片厂商——仙童和英特尔。1976年10月，他参观了史蒂夫·乔布斯和史蒂夫·沃兹尼亚克用来组装苹果Ⅰ的车库。他非常喜欢眼前的一切，于是两个月后他加入了该公司，并投资9.1万美元占有公司1/3的股份。（如今，你若想购买苹果公司1/3的股份，你得花上15亿美元。）

布莱恩·爱普斯坦为"披头士"乐队所做的事情，也是迈克·

马库拉为两位史蒂夫所做的。他帮助乔布斯撰写商业计划，为苹果公司从美洲银行获得了贷款额度。更为重要的是，他使沃兹尼亚克和乔布斯相信，他们二人都没有管理公司的经验，于是聘请迈克·斯科特（Mike Scott）担任苹果公司的总裁。（斯科特在仙童公司时，曾在马库拉手下工作过，做的是产品营销。）

马库拉在苹果公司取得的骄人成就阐明了另一个要点，那就是合作比竞争强多了。大多数事业型的传统人士都是非常求胜心切的，尤其是那些在大公司工作的人，他们觉得自己的未来就取决于打败坐在旁边的同事。

或许他们的想法没错……在大公司的环境里。（这是我们对大公司持否定态度的原因之一。我们发现，《财富》500强企业中的大多数职业道路都标着"此路不通"。）通往顶峰的只有几条路而已，而这几条金光闪闪却崎岖不平的小径上的竞争却是异常的激烈。

在这个广阔的世界里，合作这个策略远比竞争有效得多。马库拉原本可以看看沃兹尼亚克的大作，然后说："我比他们年长，也比他们有经验。我可以在他们拿手的领域击败他们。"

也许吧。也许迈克·马库拉本可以凭着单打独斗，建立起一家50亿美元资产的电脑公司。可是话说回来，也许他根本做不到。

为什么要碰运气呢？**成为大赢家的产品型赛马完全可以乘载很多人。而且，鞭打那匹赛马的骑手越多，获胜的可能性也越大。**

你完全可以分得起这笔财富（除了对税务局和你的继承人以外，赢得1 000万美元和赢得1亿美元对于你的生活形态来说并没有什么区别）。

你要在别人那里发现财富，而不是在自己身上找。苹果公司就是这一原则的重要例证。苹果公司的主要产品型赛马是Macintosh（Mac）。事实上，如果不是有了Mac机，那么从规模来讲，今天的苹果公司只是一朵小小的红花，而不是大大的Macintosh红苹果。

Mac机的鼠标是其全新的计算机系统的关键特性，而鼠标是如何而来的却很少有人知道。同样，这又是关于发明者与发现者孰重孰轻的故事。

1978年，乔布斯来到了施乐公司，他说："看，如果你们让我看一看施乐PARC，我愿意让你们在苹果公司投资100万美元。"

PARC是当时最先进的高科技实验室，倒不是因为它为施乐创造了多少财富。多年来，PARC涌现出大量革命性的计算机创意。所以乔布斯非常渴望进去一探究竟。

施乐公司犯了两个错误：一是他们让史蒂夫·乔布斯进去参观了一圈，二是他们没有做出那100万美元的投资。

"我留下了深刻的印象。"乔布斯后来说。给他留下深刻印象的是一种输入装置，其理念与当时使用中的任何东西都不一样。那种鼠标可以带来一种新型的计算机系统，而该系统使用起来将会容易得多。

配上鼠标的Mac机获得了巨大的成功。它确立了苹果公司作为生产便于使用的计算机的公司的地位。"在2.35亿美国人中，会使用电脑的人寥寥无几。"一条语音广告这么说，"推出Mac机，为的是我们不会使用电脑的人。"

那条广告接着说："如果你会用手指点，你就会使用Mac机。"

今天，苹果公司90%是Mac机，只有10%是苹果机。对于苹果公司来说，Mac机是成功的公司产品型赛马，而对史蒂夫·乔布斯来说则是成功的个人产品型赛马，这都要承蒙施乐公司提供的机会。

乔布斯已经是苹果公司的董事长和主要股东，所以对他来说，Mac机的成功除了令他的形象更加光辉灿烂之外，其他倒也没有什么好处。不过，可别小觑了形象的重要性。等你有了钱，你或许仍然愿意为了声誉而努力工作。

在美国，还有一家计算机公司开发出了一匹非常好的产品型赛马，它就是IBM个人计算机。决定驾驭这匹赛马的骑师是IBM输入系统部门的总裁唐·埃斯特里奇（Don Estridge）。

野马为艾柯卡所做的事情，个人计算机原本也可以为埃斯特里奇做的。没人知道他骑着个人计算机这匹马究竟能够走多远。在个人计算机面市4年后，史蒂夫·乔布斯提出聘请唐·埃斯特里奇担任苹果公司的首席执行官，并许以100万美元的起步年薪和一揽子福利。这就是乔布斯后来给约翰·斯卡利的职位。

埃斯特里奇还收到太阳微系统公司聘请他担任总裁一职的邀请。该公司是电脑工作站市场上迅速上升的一颗新星。

但是，埃斯特里奇却盯上了IBM的高管职位。"条条道路终将通往阿蒙克（IBM的总部）。"他总爱这么说。许多年以后，IBM董事长约翰·埃克斯（John Akers）说，他相信唐·埃斯特里奇具有领导整个IBM的潜力，或者最起码成为公司六名高管之一。

我们永远都不会知道了。1985年8月2日，唐·埃斯特里奇在达拉斯的一次飞机失事中身亡。

未来与过去几多相似

很多人的想法正好相反，他们认为我们生活在一个瞬息万变的世界，只有来自21世纪的产品型赛马才能行得通。

事实并非如此。尽管市面上不乏《未来的冲击》（*Future Shock*）之类的书籍，但我们仍然住在用砖头、木头或石头建造的房子里，而不是塑料房子。我们仍然穿着用羊毛或棉布制成的衣服，而不是纸衣服。我们仍然开着车，而不是飞船。

今天，在路上跑的较为流行的一种车是50多年前设计的吉普车。即使是各种平凡的产品，变化也很缓慢——如果有变化的话。20世纪30年代的铅笔、回形针和衣架在90年代也不会显得格格不入。

即便事物确实发生了变化，常常也是重返过去。德州仪器公司试图用高科技的设计、低科技的价格（低于9.95美元）吸引我们转而使用数字手表。或许你没有注意到，大多数人又重新戴上了高科技价格的老式指针式手表。劳力士卖出了很多表盘为罗马数字的手表，售价为2 000美元或2 000多美元，而大多数都是2 000多美元。

简单概念好于复杂概念

简单概念常常有一种"为什么我就没想到"的不祥特征。

就说"看图猜字"（Pictionary）吧，自1982年"刨根问底"（Trivial Pursuit）在全美热卖之后，"看图猜字"是最畅销的棋盘游戏。

罗布·安杰尔（Rob Angel）是个拥有工商管理学士学位的年轻人，他当过两年的餐厅服务员，在那期间他想起了过去常在聚会中玩耍的纸上字谜游戏。

人们玩字谜游戏及其衍生产品，纸上字谜游戏有好几个世纪了，差不多有几百万人曾经玩过这个游戏，但只有罗布·安杰尔决定在其中增加正式的规则、一个棋盘和一个装满单词卡片的盒子，将这个游戏变成一个产品。这个叫做"看图猜字"的产品型赛马已经使罗布·安杰尔成为一个百万富翁。

"看图猜字"阐明了一个原则：成功是你发现的东西，而不是从你的脑子里跳出来的。所以，你要始终睁大眼睛，忘掉自我。

安杰尔发现了字谜游戏，然后没费什么劲就把它变成了一匹制胜的产品型赛马。其他人发现了"看图猜字"，却只把它当成自己的私人坐骑。

汤姆·麦奎尔（Tom McGuire）是塞尔乔-莱特公司（Selchow & Righter）西海岸的销售经理，该公司是生产"刨根问底"的玩具公司。就在那时，他注意到一款叫做"看图猜字"的游戏在华盛顿州卖得不错。于是，他买了一个，送给3个已成年的女儿及其朋友们玩。

"他们玩得开心极了，笑声和乐趣不断。"他回忆道。这促使他跟罗布·安杰尔联系，谈及想把这款游戏推向全美。安杰尔同意了。于是，麦奎尔从塞尔乔-莱特公司辞职，签约当上了安杰尔的全国销售经理。

该款游戏的销量大涨。但是安杰尔没有那么多资金用于所需的印刷以满足市场需求。他开始考虑颁发"看图猜字"许可证的提议。

麦奎尔说服乔·科纳查（Joe Cornacchia）参与进来。科纳查是印刷经纪人，曾经帮助塞尔乔－莱特公司生产了数百万份"刨根问底"。科纳查成立了一家叫做游戏帮（Games Gang）的公司，由麦奎尔出任分管销售的副总裁和经理。他俩一起成功地竞买下了"看图猜字"的销售许可。

1988年，"看图猜字"成为全美销量第三的畅销玩具，仅次于任天堂和芭比。

安杰尔、麦奎尔、科纳查之所以致富，是因为他们都有能力识别一匹产品型赛马。就麦奎尔和科纳查的情况而言，这匹马甚至不是他们创造的。

找到一个简单的产品创意，然后改名换姓，把它变成一个激动人心的全新产品，这个模式已经被重复了很多次。

卡尔·桑思默（Carl Sontheimer）是一位退休的电子工程师，还是一位颇具献身精神的作者。1971年，他经常光顾巴黎的家用器皿展，想找一个能够发挥余热的项目。他找到了一台大功率的小型法国机器，可以用令人咋舌的速度进行磨、剁、切、片、研、碾、搅、拌。桑思默和妻子雪莉一路追踪，找到了这台机器的发明者皮埃尔·弗登（Pierre Verdun）。这台机器的雏形Le Robot-Coupe是一种耐用的餐馆机器，美国厨师给它起了个绰号叫"水牛切碎机"。

桑思默获得了该机器在美国的经销权，接着，他把12台机器运回康涅狄格州，在自家的车库里进行改造。他改良了法国设计师原有的设计，改进了机器的切片和切丝功能，同时考虑到其安全性，最后为它重新取名为"奎茨"（Cuisinart）食品加工机。

今天，市场上有30多个不同品牌的食品加工机，但"奎茨"仍然是领头羊。

另一个在海外找到自己产品型赛马的骑手是约翰·杜尔索（John Durso），但实际上他并没有出过国。

杜尔索的赛马是一种叫做"康弗姆"（ConForm）的产品，是用来建造现浇混凝土墙的聚苯乙烯建筑板。杜尔索先生是在与一位英国建筑师的偶遇之后产生这个点子的，后者曾在欧洲看到过类似的产品。建筑师名叫戴维·霍罗宾（David Horobin），现任杜尔索的市场营销副总裁。他俩现在都骑着这匹"康弗姆"赛马呢。

生活在美国的人口不到世界人口的5%。如果你要寻找可以驾驭的产品型赛马，最好把眼光投射到其他95%的人口身上。

圆珠笔是由匈牙利的拜罗（Biro）兄弟发明的，但发财致富的却是把圆珠笔引入美国的米尔顿·雷诺兹（Milton Reynolds）。雷诺兹是一位企业家，他在阿根廷看到了该产品，并找到了规避拜罗专利的途径。

食品、服装、家庭用品，有成千上万种产品型赛马等着人们去发现。你不必花费几千美元购买机票，你可以订阅几份杂志，让各种产品朝你飞过来。

学会如何说："就这样了"

很少会有人在看到外人的产品时说"就这样了"，他们通常会说："嗯，这个尝试很不错啊；我来提几条建议吧；或许我可以帮你把思路梳理成形。"

其实他们是在说："在我答应跃身跳上马之前，先让我看看能否介入这个产品。"

这是个错误。**当你找到一匹出色的产品型赛马时，先别想着让自己介入，把别人逼走。何不干脆跳上马背？为什么不说："就这样了，我们去骑一圈吧。"**

你可能会令自己惊讶，你可能会发现确实就是这样，你可能会发现正是这匹马将带你登上顶峰。不要总想改变一切，不妨问问自己："我为何要改变一切？"

从根本上说，你要改变一切的原因在于你试图让自己介入那个产品。忘记自己吧。要仅仅根据那是不是一匹骏马来评估产品。

作为希捷科技公司（Seagate Technology）创始人，菲尼斯·康纳（Finis Conner）拥有数百万美元的财富，生活上非常富足。1984年，他与合伙人失和之后便退休了。第二年，约翰·斯夸尔斯（John Squires）和特里·约翰逊（Terry Johnson）找他投资一家新的公司，生产3.5英寸磁盘驱动器。康纳先生勉为其难地飞去丹佛见他们。

在从机场回市区的路上，两位投资人把磁盘驱动器递给后座的康纳。"天啊！"他说，"太完美了。"他迫不及待地成立了一家叫做康纳周边设备（Conner Peripherals）的公司。

在运营了短短4年之后，康纳周边设备公司成为美国发展最为迅速的重要生产商，营业收入超过10亿美元。康纳公司最近的股票市值达5 600万美元。

如果你找不到产品，那就找出问题来

查尔斯·凯特林（Charles Kettering）说："如果能把一个问题表述清楚，这个问题就已经解决了一半。"

当埃德温·兰德（Edwin Land）和他3岁的女儿在新墨西哥的圣菲闲逛时，她问爸爸，为什么她不能立马看到爸爸刚刚拍的照片。这是个好问题。

就在1个小时之内，兰德便清晰地构想出一次成像相机和胶卷的创意，然后，他赶紧跑去会见宝丽来（Polaroid）的专利律师，而律师碰巧就在圣菲。兰德对这一新产品进行了非常详尽的描述。

5年后，宝丽来的兰德相机上市了，它可以在60秒内拍出快照，售价89.75美元。这一产品立刻受到人们的热捧。

彼得·戈德马克（Peter Goldmark）正在聆听钢琴家霍洛维兹（Vladimir Horowitz）演奏勃拉姆斯的作品，突然，他把那堆唱片弄撒了。电唱机的自动换片装置咔咔地响，打断了音乐，这也让他觉得很恼怒。于是他想，为什么不把整场演出都灌制在一张唱片上呢？

当然，唱片制作商多年来一直在做这种努力，他们采用的主要方法是，在传统的每分钟78转数的唱片上增加纹路。戈德马克决定创造一个全新的系统。

戈德马克连哄带骗地从半信半疑的哥伦比亚广播公司（CBS）总裁威廉·佩利（William Paley）那里获得资金后，他制作出密纹唱片（他选择了每分钟$33\frac{1}{3}$转数，这个速度是用于录播的）。

密纹唱片是彼得·戈德马克、CBS以及整个唱片行业所取得的巨大成功。在密纹唱片推出后的第一个25年里，仅CBS就从中赚取了10亿美元的收益。

在戈德马克的例子中，他之所以要寻求自动换片装置问题的解决方案，一个重要的因素就是他的恼怒。

在美国电话电报公司，促使其开发拨号式电话服务的因素是70年前话务员的一次罢工威胁。

恼怒这一因素的占比越大，就越有可能带来某种可以赚钱的产品创意。不要抵御这种感觉，要让恼怒因素带领你走上解决自身问题的道路。

约瑟芬·科克伦斯（Josephine Cochrane）开了一家餐馆。她的员工总是打碎她那些价格不菲的餐具，于是她发明了洗碗机。

阿瑟·弗赖伊（Arthur Fry）在明尼苏达州圣保罗的一个唱诗班里唱歌。标有他在唱诗班中位置的小纸片总是掉下来，这令他颇为恼火。一个星期天，他想起了一种胶带，那是他在3M公司的一个同事发明的。这种胶带跟大多数胶带都不一样，它很容易撕下来。

即时贴便签本随即成为全世界最畅销的五种办公用品之一。"我不知道这是由于枯燥的讲道，还是上帝赋予的灵感。"弗赖伊风趣地说。现在，他已然成为一个巡回演说的名人了。

请注意，弗赖伊并没有发明那种使即时贴成为可能的胶带，他认识到了那种胶带在解决他遇到的个人问题时的潜力。

弗兰克·麦克纳马拉（Frank McNamara）在纽约的一家餐馆招待朋友，这时，他尴尬地发现钱包不见了，而他所有的现金都放在那里面。于是，他想出了大莱信用卡（Diners Club）这个点子。

利奥·格斯滕藏（Leo Gerstenzang）看见妻子用牙签和棉花给他们的小婴儿清洁耳朵，这让他很恼火。于是，他想出了Q牌棉签（Q-Tip）。

乔治·德·梅斯特拉尔（George de Mestral）在瑞士日内瓦郊外的树林散步回来后，有一些芒刺沾在了他的夹克上。他把芒刺放在显微镜下，发现那上面有很多细小的钩子，钩住了夹克衫上的纤维环。

他的好奇心带来了尼龙搭扣，也是用小钩子和环套系在一起的。一群国际发明者将尼龙搭扣命名为该世纪最重要的一项独立发明。

没有多少人奢望成为梅斯特拉尔、格斯滕藏、麦克纳马拉、弗赖伊、科克伦斯、戈德马克或者兰德这样的人。这通常需要环境、时机和经历这几个因素的机缘巧合。换言之，你得在正确的时间出现在正确的地方。

但是，如果你过于自我，以至于忽略了周遭发生的事情，那么即使你在正确的时间出现在正确地方也毫无助益。事实上，大多数人都为自己的目标、工作习惯和各种"待办事项"忙得不可开交。大多数相当能干的管理人员都没有时间用显微镜观察芒刺，也没有时间自忖如何清洁婴儿的耳朵。

这太糟糕了。说实话，**普通人在自己一辈子的工作中都会错失几十匹特别出色的产品型赛马，普通人只得听从命运的安排。这本书的目的就是要帮命运一个忙。**

梅斯特拉尔和格斯滕藏等人证明了一个原则，就是要在你自身之外寻找你的产品型赛马。但实际上，你很有可能发现自己正像艾伦·莱弗科夫（Alan Lefkof）那样生活着。

1981年，27岁的莱弗科夫在麦肯锡公司担任顾问，当时，他偶然看到了网格系统公司（Grid Systems）10磅重的手提电脑。"那时，其他的手提电脑都是25～30磅重的那种。"他说。

这让莱弗科夫叹为观止，于是他辞掉了麦肯锡的工作，签约受雇于网格公司，当上了销售经理。这在当时堪称一个大胆的举措，因为大家都认为麦肯锡是蓝筹咨询公司中最"蓝"的公司，而网格公司几乎是个无人知晓的公司。他很快就成为市场营销的负责人，后来又当上财务和公司发展负责人。在此期间，他帮助策划了网格公司对坦迪公司（Tandy）的销售项目。

最近，艾伦·莱弗科夫被任命为网格公司的总裁，该公司现在价值1.3亿美元。你如何才有机会在36岁时就成为一家价值1.3亿美元公司的总裁呢？这和你在41岁时当上美国副总统的方法一样。

找到一匹可以驾驭的赛马。

你永远不会太年轻

当比尔·盖茨的朋友保罗·艾伦与阿尔泰这个机会不期而遇时，比尔·盖茨还是哈佛的一名新生。你会怎么做呢？

"这主意太好了，保罗，不过等我拿到学位以后再说吧。"你会这样作答吗？

赛马是不会等待的，如果它准备好了，那么它就是准备好了。

你更想要哈佛的博士学位，还是当一家价值8亿美元软件公司的董事长？

当然，你的名利不是因为大学辍学而获得的，而是找到一匹可以驾驭的赛马。待在学校，获得学位，这对你不会有什么坏处。总的来说，这可能会对你有利。

你甚至应该考虑继续待在学校，拿个硕士学位，如果你能负担得起，最好再拿个博士学位。

不管你在哪里——上大学、在公司上班或者自己创业，你都应该睁大双眼。当你看见那匹可以带你到达顶峰的赛马时，不要犹豫。放弃你正在做的一切，跳上马背。你可能永远都不会再有这样的机会了。

如果这意味着放弃哈佛或者霍华德或者豪弗斯特拉，那就放弃吧。好马稀罕，好学校多的是。每年9月，不管发生什么事情，3 300所高等教育机构都会敞开大门欢迎250多万名新生。

如果你的赛马在去董事会会议室的路上绊倒或迷路了，你总是可以重返课堂的。

1983年，迈克尔·戴尔在得克萨斯大学上大一时，IBM个人计算机非常热门。戴尔注意到一个重要现象。

戴尔说："按照他们系统的工作方式，可能会出现经销商订购10台，实际只收到1台的情况。或者，他有时会订购100台，却只收到10台。如此一来，有时即便他们只想要100台，却要订购1 000台。嗨，你瞧，这次他们就送来了1 000台。"

他接着说："碰到这种情况，经销商为了保持现金流转，就会

以成本价或者低于成本把多送来的计算机卖给我。"于是，他取出
1 000美元的存款作为启动资金，做成了第一笔生意。

一拿到这些计算机，戴尔就增加了一些选项，比如额外的内存
和磁盘驱动器，然后以低价将升级后的计算机转卖给同学。"1984
年4月是我最后一个月在寝室里做生意，当月我做了8万美元的买
卖。"他说，"接下来的那个月我便组建了公司，搬进了办公室。"

戴尔的下一个举措就是白手起家，开始生产IBM兼容机，但他
并不想通过既有的计算机商店进行销售，而是找了一个其他计算机
公司都没有使用的渠道。这个渠道就是直销。戴尔在行业杂志上做
广告，然后采用一批专业接线员通过电话来销售IBM兼容机。

1989年，这家成立仅5年的公司销售额达3.85亿美元。戴尔所
持有的戴尔公司的股票市值目前已超过1亿美元。

对于一位从得克萨斯大学辍学的24岁年轻人来说，这可真不错。

当比尔·科宁汉姆（Bill Cunningham）还是达拉斯一名17岁的
高中毕业班的学生时，他好不容易凑够了700美元，开始做直销生
意。如今，21岁的他管理着一家拥有50名雇员的公司，年销售额达
160万美元。

科宁汉姆的主意是从邮件里得来的，他注意到房产中介寄来的
几张明信片，主动提出要给他父母的房子估价，然后推向市场。

"卡片太容易被扔掉了。"科宁汉姆说，"我想，要是给房主打
电话，效果肯定会好得多。"于是，这个十几岁的企业家联系到一
家很大的房地产公司，提出要给潜在的售房者打电话，安排免费估
价活动。

房地产公司同意了，于是科宁汉姆做起了生意。他聘用了几个兼职员工，在头6个星期里他为客户搞定了2 000个新的房屋销售名单。后来，他的公司又为其他房地产公司以及美林证券提供同样的服务。

科宁汉姆的公司叫做"拨通美国"（Dial USA），他们还为非营利机构筹集资金，为销售机构进行市场调研和提供线索。他不像戴尔那样是个百万富翁，但话又说回来，科宁汉姆才21岁。

你永远不会太老

雷·克罗克直到51岁才看到了后来改变了他一生的圣伯地诺汉堡包（San Bernardino），他成立麦当劳公司那年已经52岁了。

在那之前，克罗克是卖纸杯的，他还一度想在佛罗里达销售房产，后来又成立了一家销售奶昔搅拌机的公司。他从未开过餐馆，从未卖过汉堡，也从未卖过奶昔。

不要紧。他擅长做的事情是，在看到一个好主意时能够认出它。他来到圣伯地诺，想弄明白麦克唐纳兄弟为什么从他那里购买那么多搅拌机。他看到的一切使他下决心购买了一种理念的特许经营权，这个理念后来征服了快餐世界。

如果你用一种开放的心态看待生活，你就永远不会太老。可惜，随着年龄的增长，你的心里往往会装满各种各样的事实。很快，你就什么都知道了，这会让你处于一个运气不佳的位置，无论一个新的产品创意有多么出色，你也无法加以识别。

这太糟糕了。当两位史蒂夫把他们的苹果计算机的雏形带到阿塔里公司（Atari）和惠普公司老板那里，建议两家公司收购他们的原型产品时，全都被拒绝了。沃兹尼亚克在三个不同的场合想要说服他在惠普公司的主管。那位年长的主管指出：第一，沃兹尼亚克没有大学学历；第二，沃兹尼亚克不具备计算机设计人员的正式资格。

现在，阿塔里公司和惠普公司都进入个人计算机领域，却远不如苹果公司，后者如今是一家价值50亿美元的公司，在《财富》500强中位列96名。

我们说的也不是什么大手笔的投资。当阿塔里和惠普对苹果说"不"的时候，它们本可以花点零用钱就可以启动个人计算机业务。比如，无线电室（Radio Shack）仅仅在工具、工程和软件上投资了15万美元，就把它的TRS-801型成功地推向了市场。

长生不老的灵丹是暂停判断。不要急于说"不"，不要让以往的良好经验遮蔽了视线，而对新的机遇视而不见。（要始终扪心自问："如果我真那么聪明，怎么没变成富人呢？"）

贾森·爱普斯坦（Jason Epstein）的重要产品是在他61岁那年诞生的，他的创意过了40年才发芽。

爱普斯坦是《读者书目》（*The Reader's Catalog*）的出版商，这是一本"书之书"，这可能使图书行业发生一次变革，几乎全美各地都对此做出了热烈反应。这本书精选了诸如"月度图书俱乐部"和"优质平装书俱乐部"这类俱乐部里的图书。

爱普斯坦是在哥伦比亚大学做学生时想到这个主意的，当时，他可以说是"住在"了纽约格林尼治村的第18街书店里。"那家书店拥有你能想到的所有东西。"他说。（第18街书店早已消失，它和大多数书店一样，全都成了昂贵租金的牺牲品）。

《读者书目》上列有208个类别的4万种图书。该书目之所以颇具实用价值，完全依靠今天低成本的计算机技术。爱普斯坦先生期望每天更新和修改书目的页面。

值得注意的是，爱普斯坦并不是这方面的新手。从1958年起，他就一直担任兰登书屋（Random House）的编辑部主任。如果你每天都忙着砍伐树木，就很难看到整片森林。

通常来说，年龄和经验会与你识别优秀产品创意的能力相互抵触，你会成为万事通心态的牺牲品。

大公司很容易受到这种心态的伤害，所以这些行业巨头很少会有全新的产品问世。阿尔泰8800诞生6年后、苹果Ⅱ代问世4年后，IBM才终于抽出时间推行个人计算机。其实对于阿蒙克这个巨头公司来说，IBM的速度实在太快了。他们让普通的计算机厂商纷纷败下阵来，包括中恒、安迅、王安和惠普。

不要轻信媒体炒作

寻找产品型赛马的人往往会错误地痴迷于天花乱坠的宣传报道。当报刊和电视都在大谈特谈一种新产品概念时，通常会让人空欢喜一场。

第二次世界大战以后，据大众媒体的报道，汽车将被淘汰，每家后院都会有一架直升机。其实，除非你名叫特朗普或者布希，鲜有几户美国人家拥有自己的直升机。

还有，如果你相信那些夸张的媒体广告，那么木匠、水管工和泥瓦匠多半都会没活可干了，因为人们将在生产线上用现代的方式建造房屋。要么是我们在等日本人这么去做，要么就是媒体过分乐观了。同样，对于电子报纸、视频文本和一英寸厚的电视屏媒体也都大肆炒作。

事实上，革新性新产品的想法通常都会悄无声息地到来，而不会弄得响声震天。阿尔泰8800当初是刊载在《流行电子》这一名不见经传的杂志封面上，而不是《时代》或《新闻周刊》。而且，对于阿尔泰那篇开创了个人计算机时代的文章，根本没有一家大众感兴趣的大型杂志或报纸关注过。此外，阿尔泰的到来并没有得益于新闻发布会或广告宣传机构。

与阿尔泰形成对比的是凯芙拉（Kevlar），这是一种神奇的超轻纤维，强度是钢的5倍。（听起来很了不起，不是吗？）杜邦公司极尽渲染之能事推出了凯芙拉纤维。1987年，《华尔街日报》报道说，25年来，杜邦公司在凯芙拉纤维上耗资7亿美元，损失了2亿美元，结果这种纤维仅在非常零星的市场上获得了少量的运用。看来，凯芙拉将会变成另一个可发姆（Corfam），那是杜邦公司先前的一场宣传灾难。

没有哪家新推出的报纸在面世时的声势能比得上《今日美国》。在经历了8年亏损之后，该报纸还没有一年赢利过。到目前为止，《今日美国》已经亏损了大约4.5亿美元。

你肯定以为甘尼特会从中吸取教训。1988年9月12日，他们义无反顾地投入4 000万美元，推出了一档基于《今日美国》的电视节目。媒体又一次对这个电视节目充满了热情。482天过后，"今日美国：电视节目"黯然收场，随之流逝的还有那4 000万美元。

为什么输家能获得那么多媒体的大力吹捧，而赢家却乏人问津呢？有一个原因就是，媒体的大肆宣传反映的并不是新产品的潜力，更多的是宣传者的声望。是发明了尼龙的杜邦公司推出凯芙拉和可发姆的，所以只要是杜邦公司做的事都会得到媒体的关注。

通用汽车也是这样，所以它新推出的Saturn汽车才会让媒体耗费那么多笔墨。Saturn汽车会取得成功吗？如果媒体宣传的规则依然适用，我们可就不敢抱太大的希望了。[获得媒体广泛报道的上一款新车是Edsel，而Saturn汽车也将获得同样规模的报道。]

谁能忘记新可乐（New Coke）所产生的约计10亿美元的媒体报道？可惜，该产品未能产生与宣传报道同样水平的销售额。

比较一下苹果和NeXT。1977年，两名默默无闻的大学辍学生推出了苹果Ⅱ，因此难以引起媒体的关注。然而，苹果Ⅱ及其变体机可能是世界各地所推出的单项产品中最为成功的。

让我们回到1988年10月，史蒂夫·乔布斯刚刚推出了他的NeXT，其立方体的外壳用黑色镁金属做成，并由电缆与一台靠悬臂支撑着的17英寸显示器相连接。要求参加新闻发布会的人太多，虽然开会的礼堂足以容纳几千人，但乔布斯只得事先印制入场券。整个礼堂座无虚席。

所有媒体都在报道这件大事。乔布斯成为多家刊物的封面人物，他甚至还接受了几次电视采访。

资金大量涌入。IBM给他1 000万美元购买其NeXT Step软件的使用权；罗斯·佩罗要用2 000万美元购买公司16.7%的股份；佳能为了占有相同比例的股份，不得不把出价抬到了1亿美元。

资金大量流出。为了让保罗·兰德（Paul Rand）设计NeXT公司的标志，要花上10万美元；为了建造俯瞰旧金山湾的3幢白色与海绿色相间的大厦，要花上数百万美元；0.6米宽的楼梯仿佛是天上的云梯；每位员工都有一间3平方米的玻璃办公室；各个走道都宽达7米；公司的自助餐厅用灰色、黑色和白色大理石装饰而成，看上去像是一家时髦的装饰艺术餐馆；各个卫生间的门都是有色玻璃的。

公司的奢侈还延伸到加利福尼亚州弗里蒙特一家昂贵的自动化工厂里。仅仅20分钟，一块NeXT的电路板就组装好了，而且"未经人手触碰"。

NeXT会取得成功吗？大概不会。成功不是在你需要它的时候来临的，而是在你发现它的时候。乔布斯需要成功来证实自己，因此，NeXT这个名称就具有了双重含义。开端在哪里？苹果是第一家推出个人计算机组合的公司。NeXT不是第一家将工作站电源放进个人计算机机箱的公司。太阳微系统、阿波罗、硅谷图像（Silicon Graphics）等其他公司已经进入这一领域了。

全世界所有的宣传手段都无法克服"输在起跑线上"这一不利因素。这并不是因为媒体宣传得不好，恰恰相反，当你发现你的产品型赛马时，你希望宣传得越多越好。

但是，要做好遭遇挫折的准备。**一个真正原创的产品型赛马不**

会马上被媒体所接受。你必须辛勤劳动，设法得到媒体的关注。
（就像乔布斯在宣传苹果II时一样。）

当偶然事件发生时

机会是在你最意想不到的时候来临的。你必须对周遭发生的事情，尤其是意外事件有所警觉。

1923年冬天，汽水推销员弗兰克·埃伯森（Frank Epperson）无意中将一瓶汽水在自家窗台上放了一夜，汽水里有一把勺子。汽水冻冰了，这让埃伯森想到了一个好主意，很快，他就将这个主意变成了一个专利产品：棒冰。

1988年夏天，23岁的乔安妮·马洛维（Joanne Marlowe）正准备在密歇根湖的沙滩上晒太阳，这时，一阵狂风吹走了她的浴巾，还吹了她一身的沙子。她勃然大怒。一个朋友说："乔安妮，别生气了，干嘛不想想怎么固定好浴巾啊？"

在那天剩下的时间里，马洛维女士不是在沙滩上休闲，而是在想如何开发一种沙滩毛巾并推向市场，可以在毛巾的四个角里缝上重物，这样就不会被风吹得翻过来了。8周之后，她的产品面世了。到了1990年3月，她已经卖出了价值450万美元的毛巾。

索尼公司董事长盛田昭夫喜欢边打网球边听音乐，每次打球他都得在自己的室外网球场旁边架起喇叭、扬声器和电唱机。盛田昭夫思忖，肯定会有更好的办法。结果，随身听诞生了，这是索尼公司迄今为止推出的最创新也最赚钱的一款产品。

当不测事件发生时

生活不会总是一帆风顺。意外事故在所难免，有时还是非常不幸的事故。

再多正面积极的思考也改变不了已经发生的不幸事故。我们的忠告是，像罗恩·科维克那样接受消极的现实。很多消极的事件都能转变为积极的事件。

当你逃避现实时，可能也将机会挡在了身后。无论现实是好是坏，都要积极面对。问问自己："这件可怕的事情已经发生在我身上了，我该做些什么，才能把它变成我和其他人生活中的一种积极力量呢？"

查尔斯·凯特林（Charles Kettering）有一个朋友，他想用手动曲柄发动汽车，结果命丧黄泉。正是那场事故促使凯特林开发了电启动器，这大概是他最著名的发明了。

罗伊·雅库茨（Roy Jacuzzi）有个表弟患有关节炎。于是，罗伊把一个小型便携式船外马达固定在表弟的浴缸一侧，用来搅动浴缸里的水。后来，他设计了内置喷嘴，在压力的作用下，往浴缸里喷射水和空气混合物来进行按摩。"极可意"浴缸问世了。

约翰·林维尔（John Linvill）有个女儿从3岁起就失明了。林维尔博士经常看到妻子一天要花三四个小时才能把书上的内容翻译成盲文供女儿学习。为了不让妻子如此劳累，林维尔开始尝试把一台微型相机的焦点集中在一行印刷体上，然后将信息转为电子脉冲。这些电子脉冲可以驱动很小的震动针，将信息再现在盲人的指尖上。

结果，奥普特康盲人电子阅读仪（Optacon）问世了，这种仪器可以让盲人以接近正常说话的信息流速度进行阅读（每分钟大约50～90个单词）。

由于约翰·林维尔的发明，成千上万的盲人现在都可以进行电子阅读了。其中一个盲人名叫坎德斯·林维尔·伯格（Candace Linvill Berg），她在奥普特康盲人电子阅读仪的帮助下完成了斯坦福大学的学业，获得心理学博士学位。

A. L. 威廉姆斯（A. L. Williams）上大学时，他的父亲去世了。丧父之痛已经够悲惨的了，而下一个灾难又落在了他身上：他发现父亲艰难地支付了20年的保费所购买的那款保险产品远低于父亲生前的收入。

父亲去世后的几年里，他努力赚钱供养全家人，帮着照顾母亲和两个弟弟。那些年过得非常艰难，但是对于威廉姆斯来说，最艰难的莫过于看到母亲受苦。

多年之后，在一次家庭团聚时，发生了一件令威廉姆斯震惊的事情。他的一个当会计的表弟告诉他定期保险这种产品。他解释说，终身人寿保险是把死亡保障和一个"强制"储蓄计划加以结合的保险产品，这种捆绑式产品支付的利率较低，比单纯的死亡保障的费用贵得多。他表弟教他如何用他正在支付的1.5万美元终身寿险的保费购买10万美元的低成本定期保险。

1977年，他创建了自己的公司——威廉姆斯公司。仅仅几年时间里，威廉姆斯公司就把保诚保险公司（Prudential）和纽约寿险公司（New York Life）之类的行业巨头甩在了身后，成为美国个人寿险数一数二的销售商。

1984年，罗伯特·科瓦尔斯基（Robert Kowalski）得知自己要接受心脏四重搭桥手术时，"哭得像个孩子"（就在6年前，他才做过一次三重搭桥手术）。

他的恐惧没有什么理由，因为手术取得了巨大的成功。重获新生赋予了他生命的能量，他表示要战胜胆固醇。结果，《八星期胆固醇疗法》（*The 8-Week Cholesterol Cure*）诞生了。该书使一度停滞不前的燕麦产品企业实现了突破性变革。科瓦尔斯基的这部著作是1987年出版的，它建议人们进食低脂食物并且定期食用燕麦。

科瓦尔斯基的发明是美国各地对燕麦的狂热，该书是《纽约时报》1988年度非小说类畅销书的第一名，Harper＆Row出版公司卖出了100多万册精装本。

当拉比·哈罗德·库什纳（Rabbi Harold Kushner）14岁的儿子久病不愈而亡时，拉比问了自己一个由来已久的问题："为什么是我啊，上帝！"

他没有默默承受苦痛，而是在1981年出版了一本题为《当好人遭遇厄运的时候》（*When Bad Things Happen to Good People*）的书，以此回答了自己提出的问题。该书热销200多万册，雄踞畅销书榜两年多时间。

自那时起，他又写了两本书，也都成为畅销书。"我的成功一直让我吃惊。"库什纳说。从1966年起，他一直供职于波士顿的一所保守的犹太教堂。

1975年，罗斯·库什纳（Rose Kushner）（与前面那位库什纳没有亲戚关系）在《为什么是我——女性必备之乳癌知识》（*Why Me? What Every Women Should Know About Breast to Save Her Life*）这本书里撰述了自己与乳癌作斗争的经历，因而闻名全美。

她成为质疑标准医疗程序的有影响力的声音。她提倡的很多措施，尤其是次广泛切除手术，一开始遭到权威乳癌专家的反对，但现在已经成为通行做法。

汤姆·休斯顿（Tom Houston）是一位管道修理工，1979年，他从脚手架上摔下来，造成腰部以下瘫痪。在另一个管道修理工雷·梅茨格（Ray Metzger）的帮助下，休斯顿用自己的技术设计出一种能让他站起来的轮椅。他甚至坐着这种轮椅跟自己的儿孙们打排球。

他的公司移动伴侣（Mobility Plus）目前在推广1.15万美元的"高级坐骑"（HiRider）。这种"能行走的轮椅"不仅提高了休斯顿的自尊，现在还成了他的谋生之道。

罗伯特·卡恩斯（Robert Kearns）的一只眼睛失明之后，他想出了"眨眼"雨刷器的点子。他说："当你的眼睛被蒙上时，你的眼睛就开始向内聚光，你的眼皮会眨。我设计了控制装置，能够让雨刷器眨眼。"

最近，卡恩斯先生起诉福特公司专利侵权，他打赢了这场官司（他还有一些讼案尚未解决，被告是大多数全球汽车制造商，包括通用汽车）。从理论上说，失明的一只眼睛可以让他赚得盆满钵满。

POSITIONING

第 8 章

创意型赛马

你如何识别一个好创意？

如果你和芸芸众生一样，你就会把一个新创意和已经存在你脑海中的想法进行比较，然后再做出决定。

"这绝对行不通"是人们对新创意最常见的反应。然而如果别人提出的想法正是你仔细思考过的，你就会脱口而出："好创意。"

你会爱上自己的想法，不假思索地否定别人的想法。（你如何向另一个人兜售想法呢？你会竭力让别人信服，是他们自己先想到这点的。）

如果你和芸芸众生一样，你就会有层出不穷的好创意。我们不妨这么说吧：你觉得你的好创意层出不穷。

那么你多少次从这些好创意中获益了呢？其中有没有哪个创意妙得足以维持你的生活呢？（可能没有吧，否则你干吗还要看这本书呢？）

或许你并不善于出创意，但是当别人给你出创意时，你一定很善于评判。

每个人都是专家

各种想法加以评判是大家尤其喜爱的消遣。报纸上充斥着电影评论家、戏剧评论家、艺术评论家、政治评论家所设的各种专栏，更不用说那些针对各类话题所发表的每日社论了。

有人总是对他们遇到的想法一概加以否定，而人们常常觉得这些人特别实事求是。事实上，贬低他人的观念以表明自身的心理优势，这种做法是很低劣的。

大多数企业的组织体系都不利于好创意的存在。中层管理人员认为自己的责任是防止可能发生的错误，而不是鼓励和呵护各种新颖但却脆弱的想法。

我们参加过IBM的一次会议，会上有人提出了一个新颖但却脆弱的想法。主持会议的管理者在听完这个概念的论证之后，并不是简单地评判这个概念是好是坏。他环顾四周，然后宣布说，这个想法很有意思，但现在与会人员必须抨击这个想法，并且评估它的不足之处。

不必说，这个想法很快就被与会的其他中层管理者批得体无完肤。会上大多数人都觉得，最可靠的做法就是服从命令听指挥。

如果你想驾驭创意型赛马，你必须抑制住自己爱挑剔的本能。没人会在乎你对西尔维斯特·史泰龙（Sylvester Stallone）最新电影的评价是好还是坏。你必须暂停对别人的评头论足。

要做到这点并非易事。你的第一本能就是发表自己的看法。而你一旦这么做了，就很难改变自己的观点了，因为你必须公开说出你的看法。

暂停评判的一个最佳方式是说一些含糊其辞的话。"嗯，这挺有趣"是一位广告公司的首席执行官的口头禅。

比暂停评判更难做到的是改变你的想法。麻木迟钝的人的一个标记就是思想僵化、永不思变。已故的吉利特·伯吉斯（Gelett Burgess）写道："如果在过去4年中，你没有摒弃过某个重要观点或者没有获得过某个新观点，那就摸摸你的脉搏吧，你可能已经死了。"

识别一个好创意

好了，你已经暂停评判，并且做好了思想准备，要改变自己的想法了。你如何才能识别一个需要鼓励的好创意呢？这个问题提得好，但却不容易回答。不过，下面有一些指导原则。

它是首创吗

第一次想到的创意会有很大优势。任何好创意都有其唯一性。如果你敢说一个创意，"没有人想到要这么做"，那么你就有了一个良好的开始。

沃尔特·里斯顿在做花旗银行海外部的负责人时，想出了他的第一张可转让定期存单。这种存单是里斯顿在为朋友奥纳西斯（Onassis）的岳父斯塔夫罗斯 G. 莱瓦诺斯 （Stavros G. Livanos）办理一笔业务时出现的。莱瓦诺斯提议用他的大额存款作为一笔交易的抵押物。里斯顿想出了用一个单据来显示一笔固定期限、固定利率的存款，而该单据只要像债券那样经过背书就完全可以流通转让。

这一创新意外地使存单变成了今天欧元市场上几乎所有融资活动的源头。最终，它还带来了个人存单。

当然，里斯顿最终获得了花旗银行高层管理职位，部分原因是为了奖励他的这项创新。

它很大胆吗

很多极具影响力的想法都有其冒险性，这些想法往往会令在座

的人感觉极不舒服。如果在想法提出的时候并没有人感到紧张或不安，那么很有可能这个想法并不是什么激动人心的想法。

当约翰·里德（John Reed）被任命为花旗银行消费者部门的负责人时，他极其惊讶地发现这是个亏损的部门。于是，他绞尽脑汁寻找振兴银行的大胆想法。他选中的是：保证24小时为顾客提供金融便利且降低银行成本的自动柜员机（ATM）。

自动柜员机不是什么新玩意儿（没有哪个想法是真正全新的），但对于纽约人来说，这却是个从未见过的机器。当时，大多数银行家都把自动柜员机看做舶来的试验品，最好在郊区或者亚利桑那之类人口密度低的州使用。

里德是第一个把自动柜员机引入纽约的人，他确信这个机器一定会获得成功。5年来，花旗银行的母公司花旗集团的研发费用是5亿美元，其中大部分都投入了里德的自动柜员机计划。

一开始，自动柜员机被视为"勇敢新世界"来临的宣言而备受质疑，因为它使顾客丧失了与人的接触。然而，后来自动柜员机大获成功，完全可以与当日可取的干洗服务相媲美。

里德获得了什么奖励？存单给里斯顿带来的奖励也正是自动柜员机给里德带来的回报。10年后，里德成为美国最大的商业银行花旗集团的董事长兼首席执行官。

说来有趣，像自动柜员机这么好的一个创意可以弥补好多个坏创意。一路走来，里德犯过几次大错。有一次，里德在全美境内发送了2 600万封信，邀请收信人成为维萨（Visa）信用卡的持卡人。"他们给每个人寄送申请表，有蹲监狱的，有破产的，有信用极差的。"花旗集团的一位前任高管说，"当然，所有这些人都开始使用（信用卡），当然大多数人都不会还钱的。"这次维萨行动的彻底失败给花旗集团造成了7 500亿美元的损失。

还有一次，里德决定收购几家按揭贷款公司，指望利率会下降，这样他们低利率的长期按揭贷款就可以赚钱了。然而，利率一直居高不下，花旗又损失了1亿美元。

"约翰，你还能蠢到什么地步？"在一次采访中，里德向媒体承认是自己太蠢。**永远不要害怕犯错误。从长远看来，最为重要的就是要把自己与一个具有重大影响力的创意联系在一起。**

它是显而易见的吗

大多数有影响力的想法一旦被提出来，都会让人觉得是显而易见的。有人或许会说："这是我们一直在做或者在谈论的事情，没什么新意。"不要受这种说法的干扰。如果这个想法对于大家来说是显而易见的，那么对于市场来说也会如此，这表示它很快就会奏效。

1983年11月，在贝弗利山举行的一次头脑风暴会议上，迈克尔·米尔肯（Michael Milken）提出了想法——用高收益债券来收购公司。结果，垃圾债券诞生了。

自己没钱的劫掠者利用垃圾债券就可以收购大公司。通常的做法是，设立一家几乎没有资产的皮包公司，由它来出售垃圾债券，以购买能够存活的公司。用目标公司的资产做抵押，以偿还垃圾债券。

米尔肯很快便成为华尔街最著名的一个人物。他筹集的巨额资金"援助"了很多无法通过传统渠道融资的小公司，以及像T. 布恩·皮肯斯（T. Boone Pickens）和罗纳德·佩雷尔曼（Ronald Perelman）那样的公司掠夺者。

米尔肯也变成了有钱人。仅1987年这一年，他从自己的投资公司德雷克塞尔—伯纳姆—兰伯特（Drexel Burnham Lambert）就赚取了5.5亿美元。

可惜，他与伊凡·伯斯基（Ivan Boesky）之间的非法交易让他栽了跟头。他承认犯有6项重罪，交付了6亿美元的罚金。

1983~1987年，米尔肯从德雷克塞尔—伯纳姆—兰伯特公司获得了超过11亿美元的个人收益，与此同时，他的其他投资也均有斩获。那么为什么像米尔肯这样超级富有的金融家竟然会傻到为了一点蝇头小利跟伊凡·伯斯基之流玩起了游戏呢？

或许这与一些人寻求的"额外优势"有关，因为他们觉得自己不如旁边的人能干，所以他们就靠考试作弊或者从商店偷点东西来"走捷径"。

成功并不是要追求这种"额外优势"。成功与个人能力并无多大关系，最重要的是找到一匹可以驾驭的赛马。米尔肯用垃圾债券找到了自己的赛马，其实这一显而易见的想法几十年来一直游走在金融界的边缘。

它简单吗

人们都对复杂深奥的东西不胜佩服，他们不相信那些看上去过于简单的东西。但是，只有简单的想法才行得通，最强有力的创意都有其优雅的简单性。少就是多。

菲尔·奈特是俄勒冈大学的一名赛跑运动员（他的专长是1600

米赛跑）。就在这所大学里，他认识了校田径队的教练比尔·鲍尔曼。鲍尔曼对跑鞋的设计很有想法，他认为美国制造的跑鞋过于笨重，大牌赛跑运动员根本不会考虑穿这种鞋。

奈特后来又进入斯坦福大学，获得了商科的研究生学位。但是，他一直与鲍尔曼保持联系，随时把自己的想法告诉他。奈特的想法是，或许有可能为日本制造的、设计巧妙的跑鞋在美国找到一个很大的市场。

奈特毕业两年之后，开始与鲍尔曼合作。他们各自投资500美元，购买了300双日本鬼冢公司（Onitsuka）生产的虎牌跑鞋，并且把它们存放在奈特父亲家的地下室里。一开始，他们只是在西部各州卖鞋，但是由于市场反响强烈，他们就走向了国际市场。

1972年，当奥林匹克选拔赛在俄勒冈的尤金举行时，奈特和鲍尔曼把天时、地利发挥到了极致。他们生产了一款自己设计的鞋子，然后说服马拉松运动员穿着，这样他们就可以做广告说，"前7名运动员中有4名"脚上穿的是耐克鞋（广告里没有提及前3名穿的是阿迪达斯运动鞋）。

今天，耐克的销售额已达20亿美元，占美国国内运动鞋市场的份额为26%。耐克就是一个简单的想法：由美国人设计、在远东生产、带一个希腊名字出售的运动鞋（耐克是希腊胜利女神的名字）。

它会制造麻烦吗

好创意常常具有很强的竞争力，别人往往会对它怀有戒心。如果你面对一个创意说："某某一定很讨厌这个创意"，那么你一定会大有作为。

安妮塔·罗迪克（Anita Roddick）给化妆品行业带来了变革。1976年，罗迪克女士在英国创办了美体小铺（Body Shop），出售肥皂、乳液、洗发液以及用古老配方配制而成的乳霜。美体小铺的洗面奶是用菠萝制成的，保湿霜是用椰子油制成的，磨砂膏是用日本红豆经过研磨制成的。它的产品都装在样式简单、可回收利用的塑料瓶子里，上面贴着手写的标签[这足以让查尔斯·雷夫森（Charles Revson）在九泉之下也不得安宁]。

她的公司飞速发展起来，如今有450家美体小铺遍布世界各地。47岁那年，安妮塔·罗迪克已成为英国第四富有的女人。露华浓（Revlon）和雅诗兰黛还没有关门，也不太可能关门。不过……

安妮塔·罗迪克在化妆品行业所取得的成就正是特德·福斯特曼（Ted Forstmann）要在金融界所实现的。他的公司福斯特曼-利特尔公司（Forstmann Little & Co.）是华尔街首批从事杠杆收购的专业公司，但又有所不同，福斯特曼-利特尔公司与科尔伯格-克拉维斯-罗伯茨公司（Kohlberg Kravis Roberts，KKR）不一样，他坚决反对使用垃圾债券。

在12年里，福斯特曼-利特尔公司完成了14笔、总金额超过70亿美元的收购业务。在这个过程中，该公司获利数千万美元。随着德雷克塞尔-伯纳姆-兰伯特公司的黯然收场和垃圾债券市场的一片混乱，福斯特曼理所当然地成为一颗冉冉升起的明星。

市场能够容纳各种不同的方法与手段，即使对那些扰乱现状的人也不例外。

"没有证据表明，人们普遍持有的观点就毫无荒唐之处。"伯兰特·罗素（Bertrand Russell）写道，"事实上，考虑到大多数人的愚蠢，某种普遍的信念与其说是理性的，倒不如说是愚蠢的。"

它合乎时宜吗

大多数人对于各种创意的认识都是错误的。他们以为创意是发生在某个人身上的一种独特经历，仿佛如果没有天才爱迪生，我们现在还在使用蜡烛呢。

其实不然。雨果说："军队的入侵可以阻挡，业已成熟的想法却阻挡不了。"窍门就在于，要第一个发现尝试某种新想法的时机已经成熟。

尽管大多数人都生活在过去，大大落后于时代，但你也可能会超越时代。这真是太糟了。在19世纪，查尔斯·巴比奇（Charles Babbage）投入毕生精力、耗尽自己大部分财富以及政府的津贴，决心制造一台完美的机械计算机器。大体上说，是查尔斯·巴比奇"发明"了计算机，但这并没有给他带来任何好处。他超越了他那个时代。

另一方面，《今日美国》（USA Today）报纸是一个时机不断变化的创意。就在第二次世界大战刚刚结束时，一份大众感兴趣的全国性报纸可能会大获成功。欧洲和亚洲的战事使得美国人特别关心世界局势以及美国在世界中的角色，因此报纸的发行量激增。

到了1982年9月15日，时值《今日美国》出版之际，报纸的读者数量开始下降。流行的新闻载体已经转向了电视。

艾伦·纽哈思（Allen Neuharth）是在担任甘尼特公司

（Gannett）的首席执行官时创办《今日美国》的，他对另外一份报纸的时机的把握要好得多。

纽哈思在《迈阿密先驱报》（*Miami Herald*）工作的时候，观看了第一枚太空火箭从科科拉海滩发射升空。他坚信这个地区也会腾飞。于是，他竭力劝说他的老板在科科拉海滩地区创办一份新的日报。他的建议遭到了拒绝。

后来，他加盟了甘尼特公司，该公司事前就同意考虑创办一份新的佛罗里达日报。这份叫做《今日》（*Today*）的新报纸取得了巨大的成功，同时也让纽哈思登上了甘尼特公司最重要的位置。

在华尔街大放异彩的KKR公司的成长历程中，时机显得非常重要。20 世纪 60 年代中期，杰罗姆·科尔伯格（Jerome Kohlberg）在投资银行公司贝尔斯登（Bear Stearns）工作，其间他想出"鞋带收购"（bootstrap deal）的小花招。当时，许多在第二次世界大战后经济繁荣期创办公司的人年事渐高，这些创始人都在寻找各种可行的退出机制，同时把公司移交给下一代管理者。

杠杆收购（LBO）就是在这时产生的，它是对老一代创始人的帮助。当时，乔治·罗伯茨（George Roberts）和他的表兄弟亨利·克拉维斯（Henry Kravis）是科尔伯格的手下。科尔伯格向贝尔斯登公司管理层提议，由他、克拉维斯和罗伯茨在该投资公司内部成立一个独立的杠杆收购部门。贝尔斯登没有同意。（**当有人用银盘把一个好创意端到你面前的时候，能够认可这个好创意的人确实不多。**）

后来，KKR公司成为华尔街有史以来最赚钱的公司。比如，

1988年，公司前五位合伙人的平均收益为每人5 900万美元。1989年，公司完成了对RJR纳贝斯克（RJR Nabisco）的杠杆收购，为KKR公司及其银行和顾问带来了11亿美元的服务费。

另一个合乎时宜的创意是"毒丸"计划，该计划使管理层得以遏止不受欢迎的袭击者的推进。简而言之，这颗"毒丸"就是目标公司赋予其股东的权利，即当公司面临被敌意收购的风险时，股东有权以半价购买公司的股票。1983年，马丁·利普顿（Martin Lipton）发明了"毒丸"计划，旨在帮助雷诺克斯公司（Lenox）抵御一次敌意收购。

"毒丸"计划在公司化的美国取得了很大的成功。至今，大约1 200家公司采用过这一计划。利普顿也名利双收。1988年，他的公司瓦赫特尔–利普顿–罗森–卡茨公司（Wachtell, Lipton, Rosen & Katz）收取了卡夫公司2 000万美元的服务费，因为他们花了3周时间完成了对菲利浦–莫里斯公司（Philips Morris）的反收购工作。利普顿本人的年收入超过300万美元。

想出一个好创意

识别一个好创意比想出一个好创意更容易名利双收，胜率也更高。

有数百万计以自我为中心的人都有可能想出你成功所需要的那一个创意，他们都有可能是你成功的源头。**如果你一个劲儿地靠自己去想，那么你成功的源头就锐减成了一个。**但这也是可以做到的。

即使在你靠自己产生一个想法的时候，也常常离不开外部的灵感。1965年，在纽约举办的一次时装表演中，弗洛里·罗伯茨（Flori Roberts）听到几个黑人模特在讨论如何使用那些为白皮肤的人设计的化妆品。她惊讶地发现，原来黑人模特要把各种品牌和颜色的化妆品混合起来使用，直到碰巧找到适合她们的色度。

两年后，弗洛里·罗伯茨化妆品系列成为第一个闯入重要的百货公司市场的黑人女性专用化妆品。今天，弗洛里·罗伯茨销售的化妆品为175种，年收入达2 500万美元。我们应该注意的是，弗洛里·罗伯茨是白人。

电视里有很多成功的故事都证实了从外部而不是从内部获取灵感的重要性。以文·迪博纳（Vin DiBona）为例，他是美国广播公司最火爆的新电视节目《美国最滑稽的家庭录像》（*America's Funniest Home Videos*）的监制。不过，迪博纳先生的创意是从哪儿得来的呢？

日本。在一次国际电视节上，他看到了东京广播公司的《加藤茶搞笑剧场》（*Fun With Ken and Kaito Chan*），于是他带了一盘录像带回美国广播公司，录像带上是《加藤茶搞笑剧场》最精彩的内容。看录像的时候，这家广播电视网的高层管理者全都笑得前仰后合。《美国最滑稽的家庭录像》就这样诞生了。

随着该节目的人气飙升，迪博纳先生一天就能收到1 000多盘录像带。

我们再回到几年前，电视界一位真正的天才是诺曼·利尔（Norman Lear），他曾经红极一时的节目是1971年的《家中琐事》

(*All in the Family*)。

很少有人知道，利尔引起轰动的大片是效仿英国的喜剧片《我爱你》(*Till Death Us Do Part*) 制作而成的。《我爱你》以种族主义和同性恋之类的禁忌主题为素材，也将社会嘲讽带入了情景喜剧。利尔所扮演的阿奇·邦克这个角色在现实生活中的原型是他自己的父亲，父亲时常叫小诺曼"傻瓜"。

要是你爸爸总是叫你"傻瓜"，你会怎么做？你大概会设法忘掉它，到心理医生那儿去花钱治疗吧。**有时，发生在你身上的消极事物可以成为激励你生活的强大动力……如果你没有设法抑制这些动力的话。**

玛格丽特·桑格 (Margaret Sanger) 看到自己的母亲在艰难地生了11个孩子后，早早地离开了人世。作为曼哈顿下东区的一名护士，她还亲眼见到许多年轻妇女在当时开设的堕胎诊所里死去。

玛格丽特·桑格成为节育的提倡者，节育正是她本人创造的一个新词，对此，有人会感到惊讶吗？她在布鲁克林的布朗斯维尔地区开办了美国第一家节育诊所（她立即因"制造公众混乱"而被捕，被判在劳教所待了30 天）。

节育这个想法的影响力太大了，各个宗教派别以及地方、州和联邦政府都阻挡不了它。1921年，桑格女士创办了美国节育联盟 (American Birth Control League)，接着又于6年后在瑞士组织了第一次世界人口大会。1953年，在她的努力下，国际计划生育联合会 (International Planned Parenthood Federation) 成立了。

坎迪·莱特纳 (Candy Lightner) 的女儿被一个醉驾司机撞死

了。令人遗憾的是，这种悲剧在无数的家长身上发生过。

跟其他家长不同的是，莱特纳女士决定有所行动。她成立了反醉驾母亲协会（Mothers Against Drunk Driving，MADD），自从欧洲援助与复兴委员会（Committee for the Aid and Rehabilitation of Europe，CARE）成立以后，MADD可能是最富于灵感的缩写了。

MADD产生了重大影响，李·艾柯卡说："正当我们的政治家还在争论这个问题时，坎迪·莱特纳创办了MADD，大大改变了我们对酒后驾车的宽容态度。"

把你的创意推销给外人

很多人都觉得自己可以"一分钟产生一个创意"。他们在人生路上一路走来，随之产生的想法差不多有数百个了吧。如果……他们真的相信自己可以变成富人、名人。

如果他们可以把其中的一个或几个想法推销出去，最好是推销给某家大企业；如果他们可以找到一个愿意出钱的合作伙伴；如果他们可以找到一个帮助他们撰写商业计划的人。换言之，如果有一个别的什么人可以做点什么的话，你就可以实现自己的目标。

生活不是这样发展的。**如果你无法把一个创意推销给自己，那么你就不大可能把它推销给其他任何人。**我们这么说的意思是，不管你的想法多么有前途，如果你不愿意把一生中的大部分时间和资源用在这个想法上，那么其他人也不大可能这么做。

你不能用业余时间来骑创意型赛马。

所以，下次你再想到一个伟大的推销概念，觉得宝洁会心甘情愿为此花上100万美元的时候，你不妨问问自己：我愿意终身致力于此吗？如果答案是"不"，那就别再想着去辛辛那提了。

而且企业越大，就越不大可能考虑一个外来的想法。首先，**大企业一般都有数千名员工，他们很多人都在想方设法地推销自己的想法，而他们攻关的对象也正是你要找的人。**

其次，还有个问题："这个想法会给我带来什么好处？"你或许有一个了不起的想法，可以为通用电气节省或者赚取几百万美元，但这个想法会给你要去竭力推销的对象，也就是通用电气里那个人带来什么呢？如果成功了，你会受到称赞；如果失败了，通用电气里那个赞同你的想法的人就会受到指责。

别再想着向别人推销你的想法了，试着推销给你自己吧。

保护和培养一个创意

你一旦找到了创意型赛马，接下来，你的任务就是保护和培养这个创意。**各种想法在早期都是最脆弱的，人们总能找到某个想法有什么不对的地方。**

在大企业里，这个问题尤为棘手。要想在《财富》500强的赛道上驾驭创意型赛马，你就得格外努力地工作。首先，一定不要让反对者近身。

很少有什么想法原本就是完美无瑕的，长了皱纹的地方只能加以处理。很多想法一开始就像丑小鸭，后来才会变成美丽的天鹅。

同时，想法也掩盖不了问题的全部，尤其在遇到复杂的大问题时。如果有一个好创意来解决某个问题的一半，而不是一个思考不周的创意来解决整个问题，那么你的境况就会好得多。此外，那些保证可以为所有人解决所有问题的想法最后往往一塌糊涂。

所以如果有人提出了有力的反对意见，要想办法调整思路应对这些问题，而不是毫无行动，任凭别人毁掉你的想法。但你要小心的是，不要让过多的折中破坏了你的想法的本质。如果是这样，你的想法最终会胎死腹中，对任何人都没有好处。

一旦你的想法成熟，下一步你就要确立所有权了。在赛马场上，你要拿点钱出来，买一张票；在企业里，你得押上自己的声誉。你必须愿意站出来，告诉别人你认为这个想法可行。而且在有人提出一个更好的想法之前，你要坚称这个想法应该得以实施。

换言之，你要对这个想法做出自己的承诺。不管是以哪种形式，备忘录也好，演示也罢，或者是非公开的会议，重要的是让企业的管理层知道你才是这个想法的提出者。**千万不要把你的想法往你的上司桌上一丢，然后让他来决定是否实施。那样的话，就等于放弃了你的所有权。**

你应该让老板参与进来，确保你是带着上司的祝福来推进你的想法的。一谈到大胆的举措，大多数老板都会畏首畏尾。一般来说，他们巴不得把你打发到大老板那里去为你自己的想法辩护。另外，你有一个保持介入状态的理论根据。毕竟，作为提出者，谁还能比你更理解你的想法呢？

应对夹道攻击

一旦你让大老板信服了你的想法确实不错，你就得做好准备，接受夹道攻击。要知道，几乎没有几个大老板会干脆地说："太好了，我们就这么做。"**大多数老板会把你打发出去，让大家都看看你的想法，从其他同事和部门那里征求一些反馈意见。这种建立共识的老一套做法使得大老板在情况不妙时能够获得一些保护。**这就叫做分摊责任，或者保护你的企业资产。

你必须事先意识到的情况是，当你带着想法来到你的同僚面前时，他们多半会表示不赞同。对他们来说，你刚刚成为企业官阶上的一个有力的竞争对手。他们肯定不会认为你的想法对企业有什么好处，他们会认为它对你和你的职业生涯有好处，这将会打乱既有的等级排序。如果你的想法与他们的个人计划有冲突，你就会有麻烦。很快你就会听到诸如你的想法问题重重，与企业的规划存在冲突之类的评价。

千万不要忽视他们的反对意见，要表现得亲切友好，要感谢他们的帮助，并且请他们用书面形式提交反对意见（这一做法通常会阻止掉那些更加愚蠢的反对意见）。如果他们敢于将反对意见写下来，那么你也要以书面形式一一回应。

如果确实有一些与你没有竞争关系的同事赞成你的想法，要确保他们提供相关的证明文件，让他们每个人都给你写一份备忘录。然后，你应该把这些备忘录整理好，回去做一次井然有序的一致同意的演示，向大老板汇报。你要保证列出正反两方面的意见，而且要指出提出意见的人的名字。虽然大多数大老板喜欢"一致同意"这个结局，不过他们也能看得出来哪些人是藏有私心的。

贯彻实施和提供资金

如果你的想法闯过了夹道攻击这一关，那么你的最后一项任务就是要确保该想法得以实施，而且还能得到适当的资助。在这个信息传播过度频繁的社会里，一个想法如果不进行适当的宣传或者推广，是不会引起多少人的关注的。你要为自己的想法争取足够的资源，使之能够顺利出台。

你或许还得设计某种衡量结果的方法，把它作为项目的一部分。这样，在需要额外资金的"增援"时，你就有了求助的工具。

当所有这些工作全部完成之后，如果你的创意型赛马根本就没能好好地冲出起跑线，那就太可惜了。

POSITIONING

第 9 章

他人型赛马

在很早的时候，年轻人就知道有三种方式可以赚钱：（1）跟富人联姻；（2）以漂亮、干净且合法的方式窃取；（3）结交合适的人。

有些年轻人设法跟富人结了婚，后来往往后悔当初因为金钱放弃了爱情；有些孩子找到了窃取的办法，后来却发现这些方法并不如他们原来所想的那样合法。但是大多数年轻人都忽略了第三种方法，他们以为凡事需要自己亲自来做。

真是糟糕的想法。你应该结交合适的人。**除了家族型赛马和配偶型赛马之外，这种他人型赛马是最有可能帮你赢得人生这场比赛的马匹。**

事实上，对大多数人来说，这种他人型赛马是他们的终极选择，因为你很难将爱情和事业有机结合，而且也几乎无法选择自己的父母。与此同时，要想大获成功，他人型赛马是最难以驾驭的一匹坐骑。

所以我们必须万分小心地选择和借助合适的人，以帮助我们取得荣耀和成功。不过，这种小心所得的回报也相当丰厚。

罗伯特 · 斯旺森（Robert Swanson）的家里不曾有一个人完成过大学学业，他要打破这一局面，而他所选择的学校麻省理工学院，是全美国最负盛名的理工大学。

这是个不错的选择。后来的结果证明，在他选择自己的赛马时，该大学的招牌对他极有帮助。

在麻省理工的第一年，斯旺森的成绩不好，在全班处于三流之列。有点出师不利。上二年级时，他弃学化学，转学管理。在从麻省理工大学斯隆管理学院毕业之后，他进了一家颇有名气的银行，即美国花旗银行。又是一个不错的选择。

四年之后，斯旺森找到了他的第三匹赛马：克莱恩那·帕尔金斯风险投资公司，这是旧金山一家富有传奇色彩的风险投资公司。该公司初创之时就取得了诸多成功，包括投资康柏电脑公司、莲花公司、坦丁姆公司以及太阳微系统公司等。

斯旺森在克莱恩那·帕尔金斯公司并没有待太久，不过这段不太长的时间已足以使他对基因拼接这门新兴科学产生了兴趣。

此前两年，两位生物化学家赫伯特·博耶（Herbert Boyer）和斯坦利·科恩（Stanley Cohen）从两个独立机体上取出了DNA链，将这两条DNA链黏合在一起，从而创造了全世界第一个克隆体。博耶和科恩将他们的新技术称为"DNA重组"。

斯旺森当年28岁，他瞄准了自己的第四匹赛马：赫伯特·博耶。在二人初次会面结束时，双方同意每人出资500美元，从而形成一种伙伴关系，共同开发DNA重组技术。斯旺森负责资金和市场营销事宜，而博耶（他后来赢得了诺贝尔奖）负责科研工作。

博耶的研究卓有成果。在最先面世的6项生物科技产品中，有4项是基因技术公司（Genentech）的研发成果，分别是：人体胰岛素、α-干扰素、人类生长激素和抗凝药物TPA。

1980年10月14日，在他跟赫伯特·博耶首次会面之后不到5年，斯旺森鸿运当头。基因技术公司在这一天上市了，那是美国历史上预计发行股票最多的时候。当日收市时，罗伯特·斯旺森的身家涨到了近5亿美元。

那一年，他32岁。

斯旺森的成功表明，在恰当的时机站在恰当的位置是何等重要。毋庸置疑，如果你想在当今社会中取得成功，那么你必须把握时机，虽然这一时机未必尽善尽美。赫伯特·博耶代表着机会之窗，而对其他人来说，他就是一匹他人型赛马。因为作为一名科学家，他不大可能单凭个人实现自己创意的商业化。

机会之窗开启了两年多的时间。有多少人曾经阅读过基因拼接和DNA重组方面的信息然而却无所作为呢？（单单在《国家调查》中阅读过世界上第一个克隆体方面的信息的人就至少有1 000万）。有多少人曾如此说过："很有意思，不过我又不是生化学家。"斯旺森也不是生化学家。

人生缓慢向前。新的机会不断涌现，又飘然而逝，但是这个过程可能会持续数月甚至数年之久。

每个人都是生逢其时又逢其境的，关键是要在机遇来临而又不曾消逝之时对其进行识别。这就是斯旺森的优势所在。

忘记昨天吧。就算当投资银行业务几乎就等于批准行窃之时你并不在华尔街工作，那又怎么样？就算当几乎每家电脑公司都能产生大批百万富翁之时你没有生活在硅谷，那又如何？

今天就是今天，今日的机遇不会出现在昨日的成功之中。（这就是通往事业之峰的共同之路，它崎岖坎坷，危机四伏。）你必须保持开放的心态。今天（而不是昨天）我可以利用谁到达成功之巅峰？

汤姆·珀金斯（Tom Perkins）就是这样。尽管他的克莱纳·珀金斯风险投资公司与斯旺森已经分道扬镳，但他并没有怠慢斯旺森。当斯旺森来找他的时候，他提供了10万美元，助其创建了基因技术公司。

珀金斯的赌注得到了回报。基因技术公司上市当天，珀金斯的4年投资已经价值3.5亿美元。故事到此还没有结束，除了数百万美元的收入之外，珀金斯还成了基因技术公司的董事长。

珀金斯借助于斯旺森，斯旺森也借助于珀金斯。你的最佳赌注绝对应该下在他人型赛马身上。你要到哪里才能找到这样一匹强健的坐骑呢？

找一个老板当坐骑

你的老板就是个自然而然的跳板。我们要在此基础上更进一步。如果你为之工作的人并不是合适人选的话，你就应该立即发出急救信号，并做好 "弃船" 另谋高就的打算。你与你老板之间的关系是你事业生涯中最为重大的单项因素(无论其是积极的，还是消极的)。要精心挑选老板(如珀金斯曾是斯旺森的老板)。

你应该更多地审度你为之工作的那个人，而不是你为之工作的那家公司。他是否有前途？如果没有，那么谁有？要始终尝试为你所能找到的最聪明、最有能力的人工作。**如果你的老板前途光明，那么很可能你也一样。**

无论你相信与否，有些人喜欢为无能之人工作。估计原因是他们觉得，如果老板是个庸才的话，那么他们自己就如鹤立鸡群，更能脱颖而出。但实际情况通常恰恰相反，高级管理层往往会认为整个团队都能力欠缺。如果他们对某项工作心有不满，他们会把相关的每个人都剔除出局。

你怎样才能选择一个老板当坐骑呢？你应该着眼于哪些特征？

如果你询问某个人际关系方面的专业人士，比如猎头，向他们询问哪些特质能使人走向成功，那么你得到的答案很可能是诚实、才智以及自信心等。拥有这些特质的确十分重要，但是对我们来说，这些不过是基本素质而已。许多人都拥有这些基本素质，但却不是能充当坐骑的好老板。下面是一些除了这些基本素质之外你应该寻找的特征。

些许懒惰

工作狂、事无巨细型的老板都不是理想的选择对象。在内心深处，他们宁可事事亲为。你永远不可能与这种老板建立起一种不可或缺的关系。你要找一个稍微有点懒惰的老板。

与那种事无巨细型的老板相比，这种老板会放手让你做很多事情。那么随着时间推移，你的能力就会给领导留下深刻印象，而他就会更加倚重你。如果你打算在这家企业长期干下去的话，你就需要让他们对你产生这种依赖感。

少许狡猾

你的他人型赛马不应当是一个鹰级童子军。现实世界并不是由那些目光敏锐、到处寻找老太太以帮助人家过马路的人组成。虽然这种人确实存在，但他们不是社会主流。**占据主流的是那些眼神狡诈、想方设法牺牲他人以成全自己的人。在这种人面前，稍稍狡猾一点或者处事圆滑一些往往更好。**当你的未来老板的对手们永远都捉摸不透他的意图时，你的候选坐骑就占据了有利地位。因此，如果你的老板略微有些圆滑，那你就找对人了。

多些政治精明

企业并不是理性机构，里面充斥着许许多多自我意识极强之人。能在这样一群人身边工作是一种必不可少的能力，鲜有老板具备这种能力。**它要求此人能慧眼识人，也需要在个人自我意识成为障碍之时有对其进行压制的意愿**。你的候选老板应该表现出这种能力，尤其是如果他在一家大型企业工作的话。通用汽车里上演的政术和手腕比美国参议院、众议院、国务院以及白宫加在一起还多。

一种武士心态

要找一个知道如何赢得重要战斗的老板。外面的世界竞争激烈，而且随着企业的全球扩张，这种竞争一年比一年甚之。〔我们就此现象写了一本书，书名叫做《商战》[⊖]（*Marketing Warfare*）。〕如果你的候选坐骑是勇士型的，敢于迅速拿起武器杀进战场，那么也许你得到的是一匹获胜之马。但是在下注之前，切勿匆忙行事，先看看他能够打赢几场战斗。死武士可成不了好坐骑。

大量实战技巧

领导能力和决策能力事关成败。你的老板坐骑应该表现出激发

⊖ 本书中文版已由机械工业出版社出版。——编者注

他人热情的能力，有人称其为"拉拉队长"，但是我们称其为优秀推销员。里根（Ronald Reagan）就是一个堪称完美的领导型人才，他善于表达并推销自己的观点。谁还会在意他午觉时间过长或者粗心马虎疏于细节呢？（记住，些许懒惰对一位老板来说是一种美德。）他是一匹优秀的坐骑。

你会注意到，我们从未说善良、慷慨或者热情是一位老板所应具备的特征。不幸的是，这些都是作为一个人所应具备的美德。也许要实现人的救赎，这些美德是必需的，但是对于成功来说这些却并非必要。作为将军，拿破仑和巴顿也许并不十分讨人喜欢，但是他们无疑是十分优秀的坐骑。也许你永远都不会见过有哪个首席执行官比查尔斯·雷夫森（Charles Revson）和杰克·韦尔奇更难对付，但是这两个人确是商界里的优秀坐骑。在唐纳德·特朗普以及他那强烈的自我意识下工作不可能总是充满甜蜜、一片光明，但是他曾带领他的队伍打过好几仗（有胜仗，也有败仗）。**那句老话，好人最后总是输给蠢人，也不无道理。**

你应该如何对待自己的老板呢？奉承是关键。如果你能讨得老板欢心的话，在企业里要升职就会容易得多。

罗纳德·德卢加（Ronald Deluga）是罗德岛布利恩特学院（Bryant College）的一名心理学教授，他调查了陆军中的 124 名现役男女军人。他发现，那些致力于讨好当权者与那些已经在团体中取得了有利地位并拥有相当权力的人之间存在着高度关联。（德卢加指出，陆军是企业等级制度的优秀样本——这一结论是我们衷心赞同的。）

你怎样才能讨好自己的老板呢？奉承，毫无疑问。但最好不要过于直白。德卢加的建议是，锁定一个与你的老板经常接触的人（这个人可以是你的同事、你老板的上司或者老板的秘书），然后在他面前说老板的好话，他会把话传过去的。

你该不该在某些时候跟老板意见不一致呢？当然应该，德卢加说，但条件是事后你要潇洒地举手投降。如果能说服你改变想法，老板会感觉非常良好。

奉承会有回报。花钱大手大脚的大老板们有时对自己的骨干下属非常慷慨。露华浓的董事长罗纳德·佩雷尔曼给他的三名主要助手［唐纳德·德雷普金（Donald Drapkin）、霍华德·吉蒂斯（Howard Gittis）和布鲁斯·斯洛文（Bruce Slovin），这三位都是律师］每人每年1 000多万美元的薪水。

在史蒂夫·罗斯（Steve Ross）将他的公司华纳通讯公司（Warner Communications）与时代公司（Time）合并之后，他以重金对公司骨干进行了奖励。执行副总裁罗伯特·摩加多（Robert Morgado）得到了约1 600万美元；总裁办公室的职员迪恩·约翰逊（Deane Johnson）以及公司总顾问马蒂·佩森（Marty Payson）每人得到了大约2 000 万美元；而首席财务总监伯特·沃瑟曼（Bert Wasserman）得到了大约2 100万美元。

瞄准最高点

更加优秀的"坐骑"是你老板的老板。换句话说，要抬高自己的起点。这一点很难付诸实施。你必须既谨慎又大胆，两者要同时同步，缺一不可。

在一家巨型企业里，下一任的首席执行官将会是某个在事业生涯早期就被现任首席执行官发现并按照接班人进行培养的人，这一点不言自明。（你不可能正好一下就跳进快车道，必须有人把你安排在那里。）能力很可能只是一个很次要的考虑因素。

那你如何才能引起某个比你高出五六个层级的首席执行官的注意呢？或者更难的是，你如何才能令一个你根本不为其工作的企业的首席执行官注意到你呢？

在20世纪50年代，当有人要求他试一试索尼公司的盛田昭夫（Akio Morita）送来的几个录音机时，大贺典雄（Norio Ohga）还只是东京艺术大学里一个崭露头角的歌剧演员。在众多学生当中，唯有大贺典雄坚持认为录音机是可以改进的。（难道还有更好的方法来引起盛田昭夫的注意吗？）

盛田昭夫做了安排，由索尼出资让这位大胆的男中音歌手接受培训。几年之后，在1959年，大贺典雄加入了索尼，成为录音机部门的负责人。

当盛田的妹夫、索尼公司的总裁岩间和夫于1982年去世时，大贺典雄成为他的继任者。大贺典雄花了整整23年时间才坐上了索尼公司的第二把交椅。可以肯定的是，盛田昭夫看着他走过了每一步。

如果你在通用汽车工作，罗伯特·斯坦普尔（Robert Stempel）知道你叫什么名字吗？如果你在花旗集团任职，约翰·里德（John Reed）知道你的名字吗？

"噢，我还年轻。"你也许会这么对自己说，"我到这里才不过几年时间。"这不是理由。你必须设法引起高层人士的注意。大贺典雄遇到盛田昭夫之时才不过二十来岁。

当汤姆·范德斯莱斯（Tom Vanderslice）还是通用电气一个默默无闻的部门经理的时候，他被派到董事长办公室去进行一个为时两分钟的陈述。这位年轻经理的两分钟表现精彩之极，结果董事长弗雷德·博尔奇（Fred Borch）邀请他一起吃午饭。范德斯莱斯从此青云直上。他成了通用电气的 6 名高级副总裁之一，其地位仅次于杰克·韦尔奇。

安迪·沃霍尔（Andy Warhol）错了。每个人都会成名15分钟的那一天不会来临，但每个人都可能获得几分钟的成名机会。胜利者似乎有能力充分利用这15分钟的机会。

当你为一家大企业工作时，引起他人注意就意味着你已经成功了一半。之所以说在总部工作比在一线要轻松得多，也正是这个原因。因为在一线，你唯一能引起注意的机会就是发送报告之时。（有这么一个悲伤的故事：一个士兵天天坚持不懈给自己的女朋友写信，回家后却发现她已经嫁给了邮递员。）

如果能仔细搜索事业成功的线索，你一定会很早就与某个高层管理人物建立联系。约翰·奥佩尔（John Opel）以IBM的董事长这个职位为自己的事业生涯画上了句号，他曾经是IBM创始人之子汤姆·沃森的行政助理。无论你做什么，都一定要尽可能向权力中心靠拢。见不着，想不到；想不到，运不来。

仪表得当也会对你有所帮助。1947年，唐·肯德尔（Don

Kendall）以果汁推销员的身份加入了百事可乐公司。10年之后，他被任命为百事公司海外业务部的总裁。（1965年，他成了百事可乐公司的首席执行官。）

在肯德尔职业生涯早期，他就深受极富传奇色彩的营销大师艾尔弗雷德·斯蒂尔（Alfred Steele）的影响。两人密切合作了数个项目，后来斯蒂尔让他负责管理国际公司。肯德尔认为，如果斯蒂尔肯费神了解一下他的年龄的话，他也许就得不到这份工作了。肯德尔17岁的时候就有了白头发，看上去远不止 36 岁。斯蒂尔后来说，他以为当时肯德尔已经45岁了。

大卫·奥格威（David Ogilvy）曾经说过，一个平步青云的年轻会计主管，其好运的部分原因应归结于他在30岁的时候就满头白发。

年轻女性也许尤其想通过染发这种常见做法来掩盖自己的白发。**年轻之时，看起来比实际年龄大一些对你更有好处**。当然，到了年老之时，就该让自己看起来年轻一些了。

找个同事当坐骑

1985年，下班之后，在一家酒吧里，31岁的苏珊·罗斯（Susan Rose）当时是智威汤逊广告公司的艺术总监，而且更重要的是她长期沉溺于涂鸦，她第一次在一张鸡尾酒餐巾上画出了这个形象。只有15笔：一个三角形脑袋，其面貌如雪人一样粗略简单，然后还有8缕凌乱直立的头发。

她的同事乔安娜·费罗恩（Joanna Ferrone）时年35岁，拥有一家创意图片社。她把这个人物形象命名为菲都（Fido）。她们两个都很喜欢这个人物形象，因为它有一种老式的忠诚可靠的味道。罗斯又在名字后加了个狄都（Dido），因为她喜欢这种音调：菲都狄都。

如今，她们的菲都狄都已经成了一个国际超级明星，每年在世界上16个国家里装饰着价值约4 000万美元的零售商品。经联合媒体公司（United Media）批准，与史努比（Snoopy）和加菲猫（Garfield）这样的动画明星联手，菲都狄都装点着从T恤到袜子、手表、吹风机等各种各样的商品。甚至还有人说要办一个"菲都狄都星期六"（Fido Dido Saturday）早间电视节目。

如果你的某位同事在一张餐巾上勾画出了一个创意，你会怎么做？大部分一起工作的人都会把自己的同事视为竞争对手，而不是合作伙伴。真是遗憾。通常情况下，如果你能把自己身边的人当成潜在坐骑的话，你会获益良多。**一个独行侠也许也能成就不少事情，但是在成功的阶梯上，他们往往永远不会爬得很高。**

就像婚姻中的爱情一样，令同事之间相互团结的黏合剂是互相尊重。没有相互尊重，你们就很难携起手来。在跳到他人型赛马背上之前，你需要问自己一个这样的关键问题："我尊重这个人的观点吗？"忘掉才华，忘掉能力。如果你们之间缺乏相互尊重，那么在遇到第一个岔路口的时候你们就会分道扬镳。

找个朋友当坐骑

最难辨识的赛马是朋友。你对自己的朋友们太了解了，而你对一个人越是了解，你就越不可能发现他的优点。靠得太近之时，一个人看起来永远不会像你站在远处观察时那样能干。

实在太糟糕了。友谊是了解各种各样不同的人的良好途径。再者，接近某个朋友往往要比接近某个商界熟人容易很多。

在游泳池、网球场或者高尔夫俱乐部里，你会很容易说出："我在考虑开办一家软件公司。你有兴趣吗？"你的朋友也许对此不感兴趣，但是通常会因为你的如此一问而备感受用。

"但是我没有哪个朋友有发展前途。"你也许会这么想。你肯定吗？在成为既成事实之后，在某人取得一定成就以后，媒体常常会挖出他的高中或大学朋友进行采访。

他们通常如此回答："只是个普通人而已，我从没想到他会这么成功。"

惊讶万分！这个词可以描述朋友和熟人的反应。他们也许会撒个谎："我一直都知道他会成大气候。"但在内心深处，他们总是倍感惊奇。

为什么评价一个朋友如此难呢？原因在于，你只看到了缺点，却忽略了优点。你必须设法透过表层的缺陷，把注意力集中在他人的优点上。这种努力是很值得的，它会使你具备一种天然优势。

与朋友联手比与陌生人合作更为容易。朋友是信任并尊重你的人。名人的许多同事和经纪人都是这些名人年轻时代的朋友。除了这些朋友，名人还能相信谁呢？

环顾你的四周。要想发财，不一定非得去纽约或者洛杉矶。你最容易忽略的人是你老家的朋友。此外，你认识一个人的时间越长，你们做朋友的时间越长，你保持客观的可能性就越小。

1968年，保罗·艾伦（Paul Allen）在湖滨中学（西雅图的一个预科学校）的科学实验室里第一次遇见比尔·盖茨（Bill Gates）。7年之后，艾伦辞去工作，盖茨退了学，两人合作创办了微软公司。虽然年仅30多岁，他们现在都各自成了亿万富翁。

他们仍然是朋友，他们仍然一起玩耍，平均每周3次。1988年，艾伦这个狂热的篮球迷以约7 000万美元的价格买下了波特兰开拓者队（Portland Trail Blazers），而盖茨常常是观赛的贵宾。

在艾伦创办一家新的软件公司（阿西迈特立克斯公司，Asymetrix Corp.）之时，他聘用自己的一个朋友兼兄弟会会友伯特·科尔迪（Bert Kolde）担任执行副总裁，并负责公司运营。虽说越早越好，但骑上友谊型赛马永远不会为时过晚。

年近30的乔恩·彼得斯（Jon Peters）在贝弗利山的罗德奥大道当美发师的时候，遇到了芭芭拉·史翠珊（Barbra Streisand）并搬去与她同居。她成了他的朋友，后来带着他攀上了成功的巅峰。

当时，经纪人休·门格斯（Sue Mengers）一直催促史翠珊翻拍《一个明星的诞生》（*A Star Is Born*），但史翠珊不感兴趣。于是门格斯去找乔恩·彼得斯帮忙。

"这个作品太棒了，它会让你风光无限。"他告诉史翠珊。然后，乔恩·彼得斯开始着手自己制作影片。尽管评论家们并不看好，但《一个明星的诞生》还是取得了1.4亿美元的总收入——这是史翠珊有史以来的最高票房纪录，光是拷贝就卖了800万份。

一个制片人就此诞生。

利用名人当坐骑

当今美国电视界最走红的二人组合是马西·卡西（Marcy Carsey）和汤姆·沃纳（Tom Werner）。有段时间，他们的卡西–沃纳公司拥有3个在电视上最为轰动的节目。

什么使马西·卡西和汤姆·沃纳如此成功？是比尔·考斯比（Bill Cosby）。在播出的6年间，系列剧《考斯比一家》（*The Cosby Show*）几乎独自撑起了国家广播公司（NBC）在黄金时段始终雄踞电视网络收视率第一的局面。

这个二人组合是如何找到比尔·考斯比的呢？说起来令人难以置信，最初比尔·考斯比无人理睬。三大电视网络公司都认为半小时喜剧系列行不通。ABC和CBS都否决了这个创意。NBC最后同意购买考斯比剧本，但有所保留。

《考斯比一家》取得了电视历史上的最大成功。在短短3年时间里，从NBC联合公司到各个电视台，该节目已经产生了将近6亿美元的利润。作为该节目的主要所有人，卡西和沃纳将至少获得该利润的1/3。

好事接踵而至。首先是考斯比的副产品《与众不同的世界》（*A Different World*），主演是莉萨·博内特（Lisa Bonet）；然后是另一个排名第一的节目《罗西尼》（*Roseanne*），主演是罗西尼·巴尔（Roseanne Barr）。卡西–沃纳公司的巨大成功向那些正在设法攀登成功巅峰的人阐明了一条重要原则。

你只需要一个。我们的意思是说，**你只需取得一项重大成就，**

剩下的就易如反掌了。卡西-沃纳公司不得不全力以赴主动出击，力图把自己推销给比尔·考斯比以及三大电视网络公司中的某一家，这可不是个轻松的任务。但是，在《考斯比一家》取得成功之后，每个人都主动找上门来。电视网络公司、明星、作家、导演，所有人都排着队等着搭卡西-沃纳公司的顺风车。

这件事说明了另外一条原则：失败并不要紧。在《考斯比一家》出现之前的那些年里，卡西-沃纳公司只推出了一个试播节目——由马德琳·卡恩（Madeline Kahn）主演的《哦，马德琳》（*Oh Madeline*），该节目在ABC播放了一个季度，但再也不曾重播。现在，谁还记得《哦，马德琳》呢？谁还在乎这些失败经历呢？

虽然卡西-沃纳用考斯比这匹赛马大赚了一笔，但你却未必一定要在迈出第一步的时候就撞上大运。**未来成功所必需的仅仅是在起步的时候就要骑上一匹好马而已。**

尽管《艾柯卡自传》（*Iacocca*）销量惊人，卖了270万册，但是写这本书的威廉·诺瓦克（William Novak）只得到了微不足道的8万美元稿费。（在这一过程中，该书因其主题赚了1 000万～1 500万美元）。但是，《艾柯卡自传》之后，诺瓦克的日子就好过多了。

诺瓦克和南希·里根合著的《轮到我说了——南希·里根回忆录》（*My Turn*），使诺瓦克得到了高达六位数的预付款，并辅之以极高的版税。正如所料，《轮到我说了》登上了畅销排行榜，而迄今为止，这本书已经售出了50多万册精装本。诺瓦克还跟悉尼·比德尔·巴罗斯（Sydney Biddle Barrows）合著了《五月花夫人》（*Mayflower Madam*），跟提普·奥尼尔（Tip O'Neill）合著了《白宫发言人》(*Man of the House*)。

然而威廉·诺瓦克究竟是何许人也？在《艾柯卡自传》之前，有10年时间他在一些学术杂志社当编辑，并写了一些不怎么赚钱的书。在《艾柯卡自传》之后，根据《时代》杂志的描述，他成了"美国名人的金牌喉舌"。

失败并不要紧。在漫长的事业道路上要想取得成功，你所真正需要的不过是一匹能获胜的赛马。然后你只需重复同样的事情即可。

自我意识关系重大。它专门与你作对。诺瓦克与名人之间得以成功合作的原因之一在于他的自我意识遁于无形。根据《时代》杂志的说法："他为人最是谦和友善，他的自我意识被他挡在门外。"（除了他，还有谁能应付得了李·艾柯卡呢?)

当然，自我意识与生俱来。也许你可以通过阅读诸如《积极思考就是力量》这样的书使之提高一两个等级，但是这都是浮于表面的。在内心深处，多数人都以真面孔示己，无论他们是受自我意识驱使的狂人，还是为人谦和低调。要想骑上名人这匹赛马，你必须在自我意识之上安一副缰绳，至少表面上必须如此。你必须压缩不断膨胀的自我价值观。

POSITIONING

第10章

伙伴型赛马

很多创意，如果把它们从促其萌芽的头脑中移植到其他人的头脑中，它们会更加茁壮成长。本书由两人共同写成，这也并非偶然。只有在意见相互交流的基础上，创意才会不断完善，日趋完美。

这就好比打篮球。其中一个队员负责投篮，而另一个则抢篮板。如果想法不错，那么进球是顺理成章的；而如果某个点子偏离了篮筐，另一队友就要抢篮板球，再从另一个角度把球传回给投篮队友。

在某些特定行业中，伙伴关系已成惯例，如音乐、电视、电影等。然而，目前我们所能预见的是，这是一个伙伴关系日趋普遍的时代。商业伙伴、政府伙伴，各种各样的伙伴也许会变得越来越普遍。谁知道呢？也许有一天我们会选择一对在过去的政治生涯中一直是搭档的人做我们的总统和副总统，而不是两个在议院中才初次见面的人。

为什么不呢？伙伴关系是一个重要信条。**如果说找到一匹马当坐骑是成功的关键所在的话，那么找到合适的伙伴将会使成功概率翻倍或者多倍提高。**

音乐合作伙伴

传统上来讲，音乐行业里一直存在着各种合作伙伴。一般来说，一人填词，另一人谱曲。但是，在良好的音乐创作伙伴关系中，不仅仅是职责的划分。优秀的搭档共同协作来缔造他们的"神曲"。

理查德·罗杰斯（Richard Rodgers）经历了两次里程碑式的伙伴关系。他曾在哥伦比亚学习，就在这里，他遇到了他的前后两位搭档，其中第一位搭档是罗伦兹·哈特（Lorenz Hart）。

在20世纪二三十年代，罗杰斯和哈特开始创作当时轰动一时的百老汇音乐剧：《女友》（*The Girl Friend*）、《康涅狄格州的美国佬》（*A Connecticut Yankee*）、《小伙计乔伊》（*Pal Joey*）。他们曾在7部好莱坞电影中连续合作，直到1943年哈特去世为止。

理查德·罗杰斯的下一位合作伙伴是小奥斯卡·哈默斯坦（Oscar Hammerstein Ⅱ）。罗杰斯和哈默斯坦第一次合作的成果是赢得了普利策奖的《俄克拉荷马》（*Oklahoma*）。他们继续努力，创造出了一系列创纪录的音乐剧，其中包括：《南太平洋》（*South Pacific*）、《国王和我》（*The King and I*）以及《音乐之声》（*The Sound of Music*）。

还有许多其他的双人搭档曾在音乐行业举足轻重，比如乔治（George）和艾拉·格什温（Ira Gershwin）以及艾伦·杰伊·勒纳（Alan Jay Lerner）和弗雷德里克·洛伊（Frederick Loewe），其中后一对搭档的《窈窕淑女》（*My Fair Lady*）在百老汇上演了6年多。

伙伴关系就是一种商业联姻，而当一段婚姻破裂的时候，结局也是灾难性的。

保罗·西蒙（Paul Simon）和阿特·加芬克尔（Art Garfunkel）都出生于纽约皇后区的福雷斯特希尔，两者年龄相差不到3个星期。14岁时，他们在当地一个乐队里演唱街头布鲁斯。23岁时，他们推出了第一张专辑。24岁时，他们创作了《寂静之声》（*The Sounds of Silence*），这是他们第一次登上美国单曲排行榜冠军之位。他们日渐成为那个时代中商业上最成功的流行民谣歌手。

成功接连而至。《回乡之旅》（*Homeward Bound*）以及《我是一块磐石》（*I Am a Rock*）都取得了巨大成功，此外还有电影《毕业生》（*The Graduate*）的主题歌《罗宾逊太太》（*Mrs. Robinson*）。然后他们又出了一张名为《忧愁河上的金桥》（*Bridge Over Troubled Water*）的专辑，该专辑赢得了5项格莱美大奖，卖出了1 500万张。而这却是他们共同创作完成的最后一张唱片。

29岁时，保罗·西蒙和阿特·加芬克尔分道扬镳。他们共同缔造纪录的生涯持续了仅仅6年，但是这段时间却足以使他们各自在摇滚名人堂中占据一席之地。在分手后的20年间，他们两人都不曾再到达过两人合作时曾到达的高度。

西蒙创作歌词，而大部分独唱都由加芬克尔完成。这是伙伴关系中常见的问题：其中一个搭档有极佳的创造性，而另一个却得到了大部分的荣耀。西蒙在谈起《忧愁河上的金桥》时说："歌词是我写的，我知道加芬克尔将要演唱。但是当歌曲取得巨大成功时，我却站在场外，所有的荣耀都将属于阿特。"

成功扼杀了西蒙和加芬克尔。有没有人曾想过为什么许多令人赞叹、极富创造性的伙伴关系会瓦解？要想保持合作，其中一方或者双方都必须时不时地克制一下自己的傲气。自我意识是驱使你走向成功的动力，然而除非你给它加上缰绳，否则它会毁灭你的成功。

当你找到一匹能带你走向成功之顶的"坐骑"时，请不要中途换马。"《忧愁河上的金桥》之后，一切都结束了。"西蒙说，"我们当时还太年轻，都没有意识到人生只有一次。"

对于布赖恩特·冈贝尔（Bryant Gumbel）、简·保利（Jane

Pauley）之间的关系破裂，原因也是如此。他们之间的合作破裂导致NBC早间新闻节目失去了领先地位。如果不曾破裂，就不要去修理它。

电视合作伙伴

伙伴关系的威力在于两人之间的相互影响。整体大于个体之和，各种原因在于多媒体人士所称的"第三图像"，即播放期间两张幻灯片切换时所产生的画面。

看看马西·卡西和汤姆·沃纳的例子。在一个季度里，他们的卡西-沃纳公司制作了三部收视率最高的节目：《考斯比一家》、《罗西尼》以及《与众不同的世界》。

在创办自己的制作公司之前，卡西女士是ABC广播公司电视剧部门的行政主管，而沃纳先生是她的首席助理。当她于1980年离开ABC的时候，他接任了她的职位。第二年，他对自己的房子进行二次抵押，以筹钱加入卡西女士初创的公司，这就是后来的卡西-沃纳公司。

9年之后，双方的抵押贷款可能都已付清。反正当时沃纳是一家集团的主要合伙人，而这家集团刚刚以7 500万美元的价格买下了圣地亚哥教士队（San Diego Padres，一支棒球队）。他当然能买得起，他的个人财富据估计已经超过1.2亿美元。顺便提一句，沃纳先生当年39岁。

据我们所知，没有哪家公司聘用过责任共担、薪水共享的合伙

人。（那样的话，他们将如何处理健康保险和每年一度的绩效考核
呢？）不过这也许是个不错的主意，它所代表的时代即将来临。最
起码，这也许会防止卡西和沃纳这样的人物离开去开创他们自己的
事业。

电视行业最先采用了这种做法。电视节目的主要制片人中有一
大部分都会雇用某个团队来制作电视剧。汤姆·米勒（Tom Miller）
以及鲍勃·博耶特（Bob Boyett）就是一个团队，他们制作了一些非
常成功的节目，首先是在派拉蒙影业公司（Paramount），然后在洛利
玛影艺公司（Lorimar）。米勒和博耶特一起创作了《拉文和雪莉》
（*Laverne and Shirley*）、《莫克和明迪》（*Mork and Mindy*）、《霍根一
家》（*The Hogan Family*）以及《完美的陌生人》（*Perfect Strangers*）。

芭芭拉·科迪（Barbara Corday）和芭芭拉·埃夫登（Barbara
Avedon）是电视界另一个颇有传奇性的组合，她们合作创作了《美
国警花》（*Cagney and Lacey*），这是一部剧情超长、广受欢迎的电
视剧，说的是一对警花的故事，两人既是搭档又是密友。

电影合作伙伴

当今好莱坞的霸主是乔恩·彼得斯和彼得·古伯（Peter
Guber），这一对电影巨人为我们带来了《雨人》（*Rain Man*）、《蝙
蝠侠》（*Batman*）以及《紫色》（*The Color Purple*）。索尼最近购买
了他们的制作公司（古伯-彼得斯），并任命他们为哥伦比亚电影娱
乐公司（Columbia Pictures Entertainment）的联合董事长。

索尼的出价相当高。在他们于1980年开展的一项生意中，索尼出资2亿美元，其中4 500万美元进了古伯和彼得斯的腰包。在哥伦比亚公司，他们不仅可以分享利润，并分到5 000万美元的红利，而且每人每年还有275万美元的薪水，并且薪水会随着生活成本变动进行调整。此外，如果哥伦比亚公司的评估价值升高的话，他们还将共享其所增价值的8.08%。

古伯先生是乔恩·彼得斯的第二匹坐骑，后者原本是好莱坞一名美发师，因为制作了一部史翠珊主演的电影而声名鹊起。拥有两个法律学位和一个MBA学位的彼得·古伯有足够的资历和经验（他曾经是哥伦比亚娱乐公司制作部门的主管），他能使这家电影公司走向成功。只有时间能证明一切。无论（结果）如何，古伯和彼得斯都不会输，他们已经预先得到了大部分钱。

唐·辛普森（Don Simpson）和杰里·布鲁克海曼（Jerry Bruckheimer）是另一对在好莱坞大有名气的组合。他们是《闪舞》（*Flash dance*）、《壮志凌云》（*Top Gun*）以及《妙探出差》（*Beverly Hills Cop*）的制片人，二人刚刚与派拉蒙影业公司签下一个史无前例的5年合约。该制片公司给他们签了一张3亿美元的空白支票，用于制作5部电影。这一对合伙人可不经派拉蒙公司过目，直接对这5部影片进行甄选、剪辑以及推广。"他们投入资金，我们投入才智，然后大家电影院里相见。"辛普森如此说。

伊斯梅尔·麦钱特（Ismail Merchant）和詹姆斯·艾沃里（James Ivory）已经共同制作电影长达27年。他们最为成功的电影是1986年出品的《看得见风景的房间》（*A Room With a View*），该片赢得了3项奥斯卡金奖。事实上，麦钱特-艾沃里制片公司还有个合伙人，从该公司创立之初她就开始与之合作，她就是露丝·普劳尔·雅布瓦拉（Ruth Prawer Jhabvala）。除了负责服装和艺术指导以外，她还撰写剧本。

电影界里另一对获利颇丰的搭档是吉恩·西斯科尔（Gene Siskel）和罗杰·埃伯特（Roger Ebert）。他们的节目《西斯科尔与埃伯特》（*Siskel&Ebert*）在175个城市播出，是最为成功的影评节目。这一对影评人已经合作了12年。

搭档并不一定就得是好朋友。西斯科尔和艾伯特在社交中就没有交集（艾伯特单身，而西斯科尔则已婚并育有孩子），他们只是每周会一次面以制作节目。但是他们的关系一直令二人都从中受益。他们每人的年薪都超过了100万美元，这还不包括他们在报社工作的收入（他们分别效力于芝加哥的两家报纸，这两家报纸是竞争对手）。

商业合作伙伴

除了企业家之外，长期合伙关系在企业中是很罕见的。首先，把两个合伙人放在一个机构的一个部门里很难。为什么不呢？为什么不与一个永久性的搭档合作，就算是在同一家大型企业里？这是一片尚未开发的处女地，对率先进行尝试建立伙伴关系的人来说，这片土地可能会有大量产出。

广告公司已经尝试建立伙伴关系好几年了。他们常常会组建起一个创意团队，其中包含一名艺术总监和一名文字撰稿人。这种安排常常是临时的，只在偶尔的情况下，某个团队才会形成一种长期关系。

　　真正的团队常常在某家企业的上层运作。汤姆·墨菲（Tom Murphy）和丹·伯克（Dan Burke）已经合作管理了大都会美国广播公司18年，此外还有西北航空公司（North west Airlines）的阿尔·谢奇（Al Checchi）和加里·威尔逊（Gary Wilson）。

　　威尔逊在1963年初次遇见谢奇，当时他在华盛顿特区谢奇的叔叔手下一家咨询公司里谋到了一个职位。1974年，他进入万豪公司。1975年，他聘用了谢奇。1982年，谢奇到位于美国得克萨斯州沃思堡市的巴斯机构（Bass Organization）工作。1984年，在他的帮助和策划下，巴斯机构拿自己位于加拿大魁北克省阿尔维达一块不动产换取了迪士尼公司25%的股份。随后他花了6个月的时间帮助迪士尼制订了一份战略计划。就在同一年，威尔逊以首席财务总监的身份加盟迪士尼。

　　无论是对谢奇还是对威尔逊来说，在迪士尼建立的关系给他们带来了丰厚回报。谢奇从中获利5 000万美元，而威尔逊则收获了6 500万美元。1989年，阿尔·谢奇和加里·威尔逊从这些钱中抽出一部分，再加上大量借贷资金，以36.5亿美元的价格买下了西北航空公司。

　　商业合作伙伴关系的潜能尚没有被充分挖掘。不过，当两个彼此信任的人一起合作时，奇迹就会发生，他们往往能完胜各自的竞争对手。

婚姻伙伴

　　当双方既是商业伙伴又存在着婚姻关系时，情况将会如何呢？

随着越来越多的女性加入职业大军，尤其是成为高级管理人员，我们认为这是一种必然趋势。

有婚姻关系的合伙人能形成一种强有力的组合，而并非会对工作造成妨碍。如果二人的婚姻令人满意，那么他们彼此之间会有更为牢固的承诺。他们之间往往更坦率，也更诚实。（商业中的最佳伙伴关系往往跟婚姻中的关系十分相像。）

迈克尔·鲁比（Michael Ruby）和梅里尔·麦克洛克林（Merrill McLoughlin）最近被任命为《美国新闻与世界报道》（*U.S. News & World Report*）的联合编辑。关于他们的任命，没有任何异乎寻常之处，除了一点，那就是他们已经结婚3年。"大家对他们二人都评价很高。"该栏目的一位高级编辑说，"他们的意见常常惊人的一致，而且他们二人相加就有了40多年的经验。他们就是《新闻周刊》中的奥兹（Ozzie）和哈里特（Harriet）。"

阿瑟·奥滕伯格（Arthur Ortenberg）一直在经营他自己的纺织公司，而他妻子是一名服装设计师。结婚19年后，他们决定创办一家服装公司，目标顾客群为美国职业女性。"我自己也是一名职业女性，我一直想使自己看起来漂亮些，而且我觉得你无须花很多钱就可以做到这一点。"他的妻子说。

1976年，他们用自己的5万美元存款加上从亲戚朋友那里筹来的20万美元成立了丽资-克莱本公司（Liz Claiborne）。13年后，丽资-克莱本公司的销售额达到13亿美元；该公司在《财富》500强排行榜上位居该行业第二，仅次于V.F.服装公司。

丽资·克莱本和她的丈夫阿瑟·奥滕伯格是一个绝佳例证，他们证明了夫妻档的强大力量。可是当婚姻关系破裂之时，情况又会怎么样呢？

这就是夫妻档中不利的一面，其中一个最佳案例就是道格（Doug）和苏茜·汤普金斯（Susie Tompkins）。与奥滕伯格和克莱本一样，汤普金斯夫妇也是合作创建了一家时装公司，名字叫做埃斯普利特（Esprit de Corp）。这家公司也曾取得巨大成功，1989年它的全球销量超过了10亿美元。

在创建这家价值数亿美元公司的道路上，汤普金斯夫妇的婚姻关系开始破裂。他们的个人差异渗透进了公司之中。苏茜希望为职业女性设计服装，而道格则希望生产些比较独特的服装。然后双方都通过与员工结成同盟来反对对方，以暗中破坏对方的举措。销量和利润于是一路下滑。

经过几年的混乱之后，道格·汤普金斯最终同意将自己持有的50%股份卖给由其妻子苏茜·汤普金斯所掌控的一个投资集团。

寻找伙伴

在寻找合作伙伴时，态度是最重要的因素。你必须保持思想的开放。

在社会中，大多数人热爱社交，但是在生意场上，许多人都是独行大侠。他们往往将自己的同事视为竞争对手，而在典型的大型企业里，事情也确实如此。然而这种态度却蔓延到了与其他人的关系上，许多大型企业里的人往往变得非常刻薄、强悍且挑剔，特别是在跟供应商打交道时。

　　在你能找到一个合作伙伴之前，你必须先找到一个朋友。但是如果你想找到一个得力的合作伙伴，仅有友谊还远远不够。你必须学会尊重伙伴的意见，即使它跟你的意见相左。 对许多人来说，这一点尤其难以做到。许多人不会尊重任何他人的意见——如果该意见与自己的看法不同的话。如果你也存在这个问题，那么你得先解决自己的这一问题，然后再努力寻找伙伴。

　　相互尊重是一种黏合剂，它能令合作伙伴团结一心，无论是在时运不济之时，还是在一帆风顺之日。

POSITIONING

第11章

配偶型赛马

假如你的长远目标是管理位于纽约市的广场大酒店 （Plaza Hotel），你可以先去位于纽约伊萨卡的康奈尔大学酒店行政与管理学院学习，以此作为开端。

然后，也许你能在希尔顿酒店、威斯汀酒店或者其他大型连锁酒店中的内勤部门谋到一个职位。如果足够幸运，你还能通过管理[比如，威斯康星州密尔沃基市的莱迪森（Radisson）饭店]在该连锁企业中向上发展。然后，你如何才能从密尔沃基市转到纽约这个大都市来呢？这可不容易。

或者还有一个办法。你可以像艾瓦纳·泽尔尼斯克（Ivana Zelnicek）那样跟唐纳德·特朗普结婚，然后在40岁的时候已经平步青云当上了广场大酒店的经理，手中还掌握着5 000万美元用来对酒店进行重新装修。

但是，假如你的长远目标是管理曼哈顿区的另一个地标式建筑——与广场酒店相隔几个街区的赫尔姆斯利宫廷酒店的话，那就对不住了，莉安娜·赫尔姆斯利（Leona Helmsley）已经抢先一步上位。

在以前，人们结婚往往出于两种原因：爱情或者孩子。但是时代已然变化，新颁布的离婚法案已经将婚姻重新定义为"经济伙伴关系"。

无论在法庭上还是在家里的客厅里，很多年来，婚姻关系一直都是一种经济伙伴关系。大多数女性如大部分男性一样，都有工作。（56%的成年妇女拥有工作，而男性的比例则是76%。）

此外，可能育有孩子的女性比没有孩子的女性在外工作的比例更高一些；在孩子不满18岁的所有已婚女性中，65%都有工作。

"男人工作、女人在家带孩子"这一景象已经成为历史。无怪乎韦尔斯利学院的女生对学校选择芭芭拉·布什作为她们的毕业典礼发言人大为光火，因为她已经不再是主流女性的楷模。

当韦尔斯利学院的毕业生们拿到学位之后，她们更有可能走进美国各大企业的办公室，而不是郊区私宅的厨房。

虽然现今寻找工作的女性越来越多，但她们却没能实现同工同酬。一个令人震惊的事实是，女性的薪水远远低于男性。在当今美国，大学毕业的女性的平均工资（年薪25 544美元）比高中毕业的男性的平均工资（年薪27 293美元）还低。

如果夫妻二人都在工作或者正在找工作的话，假若忽略了自己能对自己的配偶做些什么，那将是一种巨大的浪费。有迹象表明，选择配偶型坐骑正愈来愈普遍。"我们这个阶层的人结婚时已经不再以贫富而论。"其中一个女强人型的已婚女士说，"人们结婚是为了越来越富。"

那爱情怎么办？谁能说清人们为什么要跟某个特定的人结婚呢？如果你为钱而结婚而不是为爱情而结婚的话，至少你会在安逸中饱受折磨。

无论你出于何种原因结婚，都一定要对婚姻充分加以利用。如果不这样做就是一种犯罪，**没有哪个人会比你的配偶更可能给予你帮助，没有哪个人会比配偶更愿意帮助你，也没有哪个人能像配偶那样能一天24个小时时时在你身边**。

我们每个人都需要他人在成功之梯下面助推一把。许多人宁愿向陌生人求助也不向自己的配偶求援，这一点真令人啼笑皆非。

"经济型的伙伴关系"意味着合作而不是竞争。你的配偶能为你做些什么？以下五种贡献显而易见。

资金

很显然，嫁钱、娶钱都比挣钱快得多。但是，其中诀窍在于你不能光靠这些钱而活。你的真正目标应该是以自己新获得的金钱为基础成就更强大的事业，即万一婚姻关系遭遇不测之时，你能理直气壮地指着什么东西说"这是我的"。把配偶的金钱转移过来变成自己的，这需要一定的手腕，但并非没有可能。

乔吉特·莫斯巴赫（Georgette Mosbacher）就在进行这种转移。1985年，被《华盛顿邮报杂志》（*Washington Post Magazine*）描述为"冷静、性感、时髦且财势熏天"的乔吉特跟她的第三任丈夫罗伯特·莫斯巴赫（Robert Mosbacher）结了婚，他是美国商业部部长。3年之后，莫斯巴赫夫人以3 150万美元的价格买下了蓓丽（La Prairie），它是一家瑞士化妆品公司。

她从哪儿弄到的钱？从每个人那里：风险资本家、银行、蓓丽公司在瑞士和日本的经销商等。她还挖掘了她和她丈夫的资源。

到目前为止，一切安好。在乔吉特·莫斯巴赫管理下的第一年，蓓丽公司的销售额上升了30%。

卡罗琳·罗姆（Carolyne Roehm）是纽约市最成功的年轻设计师之一。33岁时，她在位于第七大道的某幢大楼里租下了半个楼层，开办了自己的设计公司。在这同一幢大楼里入住的还有拉夫·劳伦

(Ralph Lauren)、杰弗里·比尼（Geoffrey Beene）和比尔·布拉斯（Bill Blass）。7个月之后，罗姆推出了她的第一批优雅的晚礼服和明快的日装。这个时装展大为成功。

罗姆开办公司所需的数百万美元资金出自谁人之手？是融资收购之王亨利·克拉维斯，他的资产据估计有4亿美元。在此不久之后，卡罗琳·罗姆与亨利·克拉维斯成婚。

这有何不可？如果你对某个人非常中意，到了与之谈婚论嫁的地步的话，为什么不能把自己的钱投到此人的生意中呢？爱情与金钱密不可分。

25岁的安德烈娅·乔文（Andrea Jovine）是时装技术学院的毕业生，在被介绍给维克多·库珀史密斯（Victor Coopersmith）之时已经拥有一家小型配件公司。库珀史密斯曾是一家服装公司的负责人，当时他正打算开办一家新公司。

最后，库柏斯密斯不仅资助了乔文女士的服装生意，而且还爱上了她。1989年，他们结婚了。

与此同时，安德烈娅·乔文时年33岁，当时的职业女性对身着成功人士的打扮深恶痛绝，乔文在这个群体中掀起了一股风潮。她向她们提供了另一种选择：舒适贴身的针织衫。这种服装迅速占领了各大百货商场，销售额已经接近5 000万美元。这是个喜人的业绩。

有时候，前配偶会是一个比现任配偶更好的资金来源。1985年，61岁的弗朗西斯·利尔（Frances Lear）来到纽约，她刚刚与身为电视制片人的丈夫诺曼·利尔（Norman Lear）离婚，决心要专为年龄在40岁以上的女性创办一本杂志。她准备把自己在离婚财产分割时得到的1.12亿美元中的2 500万美元投入这个项目。

截至第5期时，《利尔杂志》（*Lear's Magazine*）已经拥有了35万读者。"在我的职业生涯中，我从未见过这样的新办企业。"凯文·格鲁尼奇（Kevin Gruneich）说，他是第一波士顿公司的出版分析师，"利尔正在创办一本将会非常成功的杂志。她走到现在这一步所用时间之短简直令人难以置信。"

每一桩生意都需要资金，在刚起步的时候尤其如此，而找到这笔钱的最佳地点就是家里。但是在向配偶请求帮忙时，仍然有人犹豫不决。他们觉得这样做不太对，希望自己在经济上独立于自己的配偶。这是胡扯。不过如果你没打算骑上配偶这一坐骑的话，就不要跟富人结婚。

关系

有时候资金不成问题，你所需要的是关系。在创办企业的过程中，一个能帮你开启关系之窗的配偶能给予你极大的帮助。

琳达·鲁宾逊（Linda Robinson）是吉姆·鲁宾逊（Jim Robinson，美国运通公司首席执行官）的妻子，她本人则是RLLM公司的总裁，这是一家成功的公关公司。她的主要客户有商业信贷集团[其董事长桑迪·韦尔（Sandy Weill）是美国运通公司的前总裁]和施贵宝 [其首席执行官理查德·弗兰德（Richard Furland）是美国运通公司的一名董事]。而她朋友包括汤姆·布罗考（Tom Brokaw）、黛安娜·索耶（Diane Sawyer）、芭芭拉·沃尔特斯

(Barbara Walters) 以及亨利·克拉维斯 (Henry kravis)，克拉维斯跟她合买了一匹赛马。

1988年，《华尔街日报》头版对琳达·鲁宾逊进行了介绍，文中说道："35 岁的她似乎随时准备着要表现出一定的幕后影响力，一种与少数超级律师和形象设计大师相媲美的幕后影响力。"

鼓励

有时候，配偶所能为对方所做的最好的事情就是提供一剂鼓励的良药。

1972年，阿德里安娜·托特 (Adrienne Toth) 跟意大利制药行业的一位继承人贾恩卢奇·维塔蒂尼 (Gianluigi Vittadini) 结了婚，婚后她放弃自己刚刚起步的时装事业，前往意大利定居。6 年之后，当她的丈夫因为生意方面的原因来到纽约之后，他鼓励她开创自己的公司。

阿德里安娜·维塔蒂尼说："那时他丝毫没有接触过时装行业，但是他帮助我建立了这家公司。如果没有他的话，这家公司永远不可能这么成功。他给了我信心，让我看到了未来愿景。"几年之后，维塔蒂尼先生也专职加入了这家公司。如今他们的阿德里安娜–维塔蒂尼时装公司业绩蒸蒸日上，成了一家年销售额高达1.5亿美元的公司。阿德里安娜是公司的董事长，而她的丈夫贾恩卢奇·维塔蒂尼则是副董事长。

家族

有时候并不是配偶本人有钱或有关系，而是他的家族拥有这些。
经典的做法就是跟某位老板的女儿结婚，然后接管他的公司。不要
以为这种事只会发生在微不足道的小公司里。

埃德温 C. 斯基普 · 盖奇三世（Edwin C. Skip Gage Ⅲ）娶了
芭芭拉 · 卡尔森（Barbara Carlson），她是柯特 · 卡尔森（Curt
Carlson）的女儿，而柯特 · 卡尔森是位于明尼阿波利斯市的卡尔森
国际酒店集团（Carlson Companies）的创始人，该集团的年营业额
超过50亿美元。

在芝加哥一家广告公司任职结束后，斯基普 · 盖奇于 1969年加
入了卡尔森集团。1984年，他成了该集团的总裁，而且将被培养为
卡尔森集团（美国第15大私企）的首席执行官。

遗产

不幸的是，有些人只能在自己的配偶去世之后才得以骑上配偶
型赛马。

1937年，玛丽 · 罗布林（Mary Roebling）成了名年轻寡妇，
她从其已故丈夫西格弗里德 · 罗布林（Siegfried Roebling）那里继
承了特伦顿信托公司（Trenton Trust Company）的控制权。自此她
开始在商界开创了一份出色的事业：美国一家大型银行的首位女董
事长、美国证券交易所的首位女理事、丹佛妇女银行的董事长。

1990年，她被美国劳军联合组织（USO）评选为"年度杰出女性"。

格特鲁德·克雷恩（Gertrude Crain）是出版界巨头克雷恩公司（Crain Communications Inc.）的董事长。这家公司是小G. D. 克雷恩（G. D. Crain, Jr.）所创，它现在拥有25个商业出版机构，每年收入约1.4亿美元。她的两个儿子兰斯（Rance）和基思（Keith）分别是该公司的总裁和副总裁，他们经营报纸和杂志，而格特鲁德·克雷恩则掌管财务。

她插手克雷恩公司财务的过程本身就是个故事。当她的儿子们上高中的时候，某一天她去了位于市中心的G. D. 克雷恩的办公室，问道："我们赚的这些钱该如何处理？"

他建议让她来负责这些钱的投资。她的第一个反应是："天哪，这个人肯定是疯了。"但是她很快就学会了华尔街的那些做法，并且至今仍管理着家族的资金以及公司的养老金、福利和利润分成资金。

在她丈夫去世之后，格特鲁德·克雷恩毅然将自己置于权力中心，她接管了公司并负责管理应付账款。在79岁高龄时，她还在签署克雷恩核发的每张非工资支票。（如果干得很开心的话，为什么要退休呢？）

科拉松·阿基诺（Corazon Aquino）也是一名在丈夫去世后继承其事业的女性。在当时，虽然担任菲律宾总统的日子并不好过，但是她那英勇无畏的故事仍称得上一个范例，它表明，**即使在配偶过世之后，你还是一样能骑上配偶型赛马。**

POSITIONING

第12章

家族型赛马

你相信成功只取决于天分吗？大多数人认为确实如此，特别是那些已经到达成功之顶的人。

对于精英管理的深信不疑会给这些人带来一种智力方面的满足感。成功人士这样做是因为他们已经有所建树，而那些不曾成功的人，唉，我们不可能个个都聪明伶俐、才华横溢。

只要对情况稍加分析，就不难看出能力之间的差异远小于所取得的成就方面的差异。为什么有些人格外成功，而有些人则不呢？比如，如果你对商界加以研究，你会发现原因之一在于家族关系。

我们生活的世界充满着家族裙带关系，而不是精英管理制度。当有人问一位新近毕业的大学生他为什么能获得高薪职位时，他回答说他去见了当地最大的一家企业的首席执行官，然后问道："爸爸，给我一份工作怎么样？"

未来越来越属于家族型企业。在美国现有1 500万家企业，其中将近90%都为家族所控制，或者家族介入很深。这些企业雇用了4 500万人，其产值占美国GNP的60%。

当然，这其中有许多是小型企业。但是，也有大量大型企业是由家族控制的，比如安海斯－布希（Anheuser-Busch）、施格兰、马尔斯（Mars）、雅诗兰黛、万豪（国际酒店集团），这些只是其中一部分而已。在《财富》500强企业中，大约有175家都大部分为家族所控制，全球第二大企业福特汽车公司也不例外。

无论如何划分，家族企业都在商界中占有着相当大的比例。

有3.1万多个由家族所持有的企业年销售额超过了2 500万美元，而个人独资和合伙企业则在美国商业总收入中占了18%，约5 800亿美元。

家族型赛马应该成为你的首选。在你寻找其他坐骑之前，请先看一看自己的出生证明。如果你在上面找到了诸如布朗夫曼、布施、克雷恩、福特、肯尼迪、劳德（Lauder）、万豪、马尔斯（Mars）、纽豪斯（Newhouse）、索尔兹伯格（Sulzberger）、蒂施或特朗普这样的名字，那就不用再去找坐骑了。这些都是权势熏天的家族王国，也许你的家族就在此名单之列。如果确实如此，那就接受自己的好运吧，不要拒绝。家里的一匹马抵得上外面的两匹。

然而，太多的豪门子孙都希望凭借自己的能力开创一番天地。也许出于自负心理，也许是因为公平意识，他们不肯骑上家族型赛马。"我很棒，我是凭自己本事起家的。"他们希望自己能说出这样的话，所以他们与家族保持距离。

如果你也有同样的想法，我们想给你一些忠告：没有哪个人是单枪匹马取得成功的，每个人都需要一匹坐骑。**反正你永远也不可能理直气壮地说"所有的一切都是单凭我自己完成的"，所以你不妨骑上你与生俱来的那匹坐骑。**

真正的悲剧不在于孩子没有这种赛马意识，而在于父母们缺乏这种意识。他们希望孩子能自食其力，希望把自己的孩子带进家族型企业后仅仅依照各自的能力对其进行提拔。

这样做是错误的，每个人都需要坐骑。如果你是父母，你会拒绝儿女获得这种机会吗？你要么让他们骑上家族型赛马，同时借助其中所蕴含的所有优势，要么把他们赶出家门，迫使他们去寻找一匹完全不同的赛马。

父母尤其需要培养自己的赛马意识。将自己的儿女与其他员工置于同一起跑线上，这种做法简直是残酷无情。英国传媒大亨罗伯特·马克斯韦尔（Robert Maxwell）就曾经开除过自己的儿子，就因为儿子忘了到机场去接他。

骑上家族型赛马并不容易，但是确实会令人收益良多。美国最富有的家族价值125亿美元，它是玛氏公司的所有者，而玛氏控制着美国37%的糖果市场。玛氏旗下的品牌包括士力架（销量最大的糖果棒）、银河路系列（Milky Way）以及M&M系列糖果。

现在公司由联合总裁小福里斯特·马尔斯（Forrest Mars）和约翰·马尔斯（John Mars）管理，他们都是公司创始人的儿孙。马尔斯家族的第四代孩子已经开始为公司工作了。

白城堡公司（White Castle Systems）采用的也是这种模式，这家公司由E. W. 比利·英格拉姆（E. W. Billy Ingram）创建于1921年，现在处于董事长E. W. 埃德加·英格拉姆二世（E. W. Ingram II）和总裁E. W. 比尔·英格拉姆三世（E. W. Ingram III）的管理下。

比尔·英格拉姆说："在别的哪个地方，我能在37岁时就当上一家价值2.82亿美元的企业的总裁呢？"而其实，比尔·英格拉姆在28岁的时候就接任了白城堡公司的首席执行官一职。这职位真不赖——如果你能得到的话。

托尼·乔治（Tony George）当上印第安纳波利斯赛车场的总裁时只有30岁。托尼是已故的托尼·哈尔曼（Tony Hullman）唯一的外孙，这个赛场是哈尔曼于1945年买下的。该赛场的董事都是他们家族的人，其中包括托尼的母亲玛丽·哈尔曼·乔治（Mari Hulman George）以及他的两个姐妹。

而成为全美最大的旅游胜地滑雪天堂（Heavenly Ski Area）的总裁兼主管合伙人时，比尔·基利布鲁（Bill Killebrew）只有23岁。该公司拥有5 000多平方米的滑雪场地以及世界上最大的造雪系统。（他的父亲——主要持股人在一次事故中丧生。）

一个家族并不需要拥有某家企业才能控制它。沃森家族在IBM所拥有的股份从来不曾超过几个百分点，但是他们控制了该公司57年，其关键在于他们知道何时该放手。

老汤姆·沃森当时已经82岁，在把IBM的控制权交给自己的儿子小汤姆·沃森之前，他只能再活6周。而在转交大权之前，两人有过多次激烈争执。"我感到很惊讶。"小汤姆说，"绝没有两个人能像我和父亲一样互相折磨到这种地步还不罢休。"

小汤姆对自己的弟弟迪克（Dick）的需求和意愿也无动于衷。他并没有把迪克当成法定继承人进行安排，而是置他于毫无意义的竞争之中。"我当时觉得自己这么做非常公平。"小汤姆·沃森说，"可是事后一想，这是我犯过的最为严重的商业和家庭错误。我绝对不该迫使我弟弟和其他主管一起竞争高层职位。"

没错，这跟公平完全无关。家族型赛马的拥有者们要小心了。当你像对待其他员工一样对待自己的子女时，你就违背了一条不成文的法则。家人就是家人。奇怪的是，你的其他员工都知道游戏规则，他们会把自己的家人当成家人看待，所以你为什么偏要背道而驰呢？（迪克·沃森从IBM辞了职，做了美国驻法大使。）

为什么有些家族王国抱着能力比家人更重要的错误观念不放呢？他们愚弄的只是自己，绝不是其他人。

学会分享权力

劳伦斯（Laurence）和普雷斯顿·蒂施（Preston Tisch）都是洛伊斯集团（Loews Corporation）创始人阿尔·蒂施（Al Tisch）的儿子。除了酒店和剧院之外，洛伊斯集团还拥有一家烟草公司（Lorillard）、一家保险公司（CNA）和一家手表公司（Bulova）。如今，根据《福布斯》杂志的报道，劳伦斯和普雷斯顿的身家都是27亿美元。

蒂施家族早就学会了沃森家族从来不曾明白的东西：如何分享权力。哥哥劳伦斯是公司的董事长，而弟弟普雷斯顿担任总裁，两人都是公司的首席执行官。（劳伦斯还是哥伦比亚广播公司的首席执行官，他是在洛伊斯集团购买了该电视网络公司的相当一部分股份之后当选的。）

蒂施家的子孙们都在洛伊斯集团身居要位。劳伦斯的儿子詹姆斯是洛伊斯集团的执行副总裁，而詹姆斯的儿子安德鲁则刚刚离开宝路华的总裁这一职位，成了罗瑞拉德的董事长。普雷斯顿的儿子乔纳森是洛伊斯酒店集团的总裁。

在纽豪斯家族的先进出版公司（Advance Publications）中，赛（Si）和唐纳德·纽豪斯（Donald Newhouse）也相安无事地分享着权力。赛掌管图书与杂志，唐纳德则负责报纸。

由他们的父亲塞缪尔·纽豪斯（Samuel Newhouse）所创办的先进出版公司可并非无足轻重。先进集团旗下有兰登书屋（Random House）、26家报纸和十几种杂志，其中包括《纽约客》（*The New*

Yorker)、《时尚》(*Vogue*)、《名利场》(*Vanity Fair*)和《梦幻》(*Glamour*)。这一揽子产业使纽豪斯成了美国第二富的家族。

跟纽豪斯家族一样，克莱恩家族的第二代人也已经学会了如何分配克雷恩公司的权力。兰斯（Rance）掌管着半个公司，他的旗舰是刊物《广告时代》(*Advertising Age*)，而基思则以《汽车新闻》(*Automotive News*)为旗舰经营着公司的另一半。这家公司的这两个部分之间几乎没有什么关联。正如人们所说："克雷恩的一切都一分为二了。"

即便是大家庭也能学会如何分割权力。威廉 T. 迪拉德（William T. Dillard）的五个儿女都在其父所创办的迪拉德百货公司（Dillard Department Stores）里工作。比尔是总裁，亚历克斯和迈克共同担任执行副总裁，而德鲁是采购和推销方面的副总裁，丹尼斯是部门采购和销售经理。（至于董事长威廉 T. 迪拉德退休之后情况如何，那就是另一回事了。）

马尔科姆·福布斯（Malcolm Forbes）将自己的资产平均分给了自己的五个孩子，但是他通过让大儿子史蒂夫掌控51%的股份而解决了接班人的问题。史蒂夫一直是《福布斯》杂志的总裁和副主编。那是不是长子或长女就应该是家族企业控制权的继承人呢？

很有可能。这样做也许并不公平，但是至少这种做法简单且容易被记住。在事业起步阶段，家族里的所有成员都知道重担将会落在谁的肩上。

要骑上家族型赛马，你并不一定非要取得多数控制权。小威廉 C. 福特和埃兹尔·福特（Edsel B. Ford II）二世都在福特公司这一阶梯上努力攀登。威廉33岁，而埃兹尔 41 岁。他们二人都是福特公司董事会的成员，而且两人都曾表示自己希望要么掌管自己的家族公司，要么要拥有高级管理职位。（他们家族控制着福特公司40%的有表决权的股票）。

如果有机会的话，你不妨也在条件具备之时骑上家族型赛马。**不过，你也需面对现实，一个家族不大可能永远骑在一匹坐骑上。成功也会招致灾难，比如外部资金的注入，在纽约证券交易所上市，然后最终丧失控制权。**

罗克韦尔（Rockwell）家族50多年来一直控制着罗克韦尔国际集团（Rockwell International），但是这种控制权并没有延续到第三代。（这并不是因为该家族缺少骑手，小威廉 F. 罗克韦尔有 5 个孩子。）

沃森家族没能保住对IBM的控制权。成功是一把双刃剑：一方面它可以使某个家族极其富有，另一方面它也可以将其从马背上跌落。

家族纷争进行时

没有哪种纷争能像家族纷争这样令人痛苦，这样激烈。

U-Haul搬家公司的创始人伦纳德·休恩（Leonard Shoen），在孩子尚为年幼之时就开始向他们转移股权。问题在于，他有8个儿子、5个女儿。最后他让出了U-Haul 95%的股份，该公司当时已经发展成了阿莫科（Amerco）公司，收入约10亿美元。

1986年，休恩的两个儿子爱德华和马克掌控了局面，他们通过投票表决将老休恩剔除出局。此后不久，休恩的长子萨姆辞职不干了。

这个家族由此分裂成了两大阵营。爱德华和马克大权在握，而伦纳德和萨姆则要求重掌局面。争斗进行得愈发激烈，股东大会演变成了战场。

"我生了一群畜生。"伦纳德说。

有些家族纷争永远都得不到解决。1924年，阿迪·达斯勒（Adi Dassler）和他弟弟鲁道夫（Rudolph）在德国创建了一家体育用品公司，名字叫做阿迪达斯。1948年，他们在一次激烈的冲突之后关系破裂。鲁道夫又创建了彪马（Puma）公司，而兄弟二人自此再也没说过话。

如今阿迪达斯是世界第二大体育用品公司，当然彪马的表现也相当不俗。但是纷争并没有终止，达斯勒家族的两大阵营迄今还不相往来。这场纷争还扩展到了员工队伍中，阿迪达斯的员工极少与彪马的员工来往。

如果多点宽容之心，那么家族型赛马可能会好骑一些。你喜欢为自己的母亲工作吗，即便你已经57岁？伦纳德·劳德（Leonard Lauder）似乎就很喜欢。不过，他的母亲是雅诗兰黛的创始人埃斯蒂·劳德（Estee Lauder），是美国化妆品行业伟大的末代王后之一。

无论从哪方面来看，雅诗兰黛都是一个家族型企业。该公司由约瑟夫和埃斯蒂创建于1946年，它使劳德家族成了亿万富翁云集的家庭。如今，甚至伦纳德的妻子埃莉诺也在化妆品行业工作。而唯一一个脱离这个圈子的是伦纳德的弟弟罗纳德。

在母亲手下工作显然不像与自己的兄弟共事那么困难。伦纳德·劳德承认，他们之间曾有矛盾。"这是我的领地。"伦纳德说。在雅诗兰黛工作了17年之后，罗纳德辞职离开了公司。

即便是在时装行业，让兄弟姐妹们在一起工作也并非不可能。贝纳通（Benetton）家的4个兄弟姐妹朱丽安娜（Giuliana）、露西阿诺（Luciano）、吉尔伯托（Gilberto）和卡洛（Carlo），在他们的意大利零售服装连锁企业里似乎合作得相当愉快。也许原因是金钱方面的刺激实在太大，合在一起的话他们的身家是17亿美元，如果分开的话，那就不得而知了。

贝纳通家族只是个例外，手足之间的杀伐有时候非常惨烈。很显然，比起隔代之间的争斗，这种斗争更为普遍，更为严重，虽然在父子、母女、父女、母子之间也存在着大量的纷争。第二代手足之间的斗争或者第三代的各个旁系之间的竞争已经使许多家族型企业纷纷坠马。格蒂（Getty）家族第三代人之间的争斗导致格蒂石油公司（Getty Petroleum Corp.）被出售。同样的事情也发生在理查森（Richardson）家族以及理查森维克公司（Richardson and RichardsonVicks Inc.）身上。

同样的还有宾厄姆（Bingham）家族。他们陷入了一场尤为丑恶的斗争，然后卖掉了家族的宝贝——《路易斯维尔信使报》（*Louisville Courier Journal*）。

金宝汤公司也在沿着这条道路前进。这家公司由约翰 T. 多兰斯博士所创，他是一名化学家、浓缩汤的发明者。在小约翰 T. 多兰斯的领导下，该公司度过了第二代。但是到了第三代的时候，关于如何处置这家公司，众人意见不一。小约翰 T. 多兰斯的 3 个孩子控制着32%的股份，他们希望公司能继续保持独立；而他们的6个旁系亲属则掌握着27%的股份，他们希望把公司卖掉。无论何种情况发生，多兰斯家族都很可能会失去对金宝汤公司的控制。

然而没有一个人会受苦，多兰斯家族的3个孩子每年从金宝汤公司的股份中所获取的收益超过1 300万美元。

手足之争最近在一家服装折扣公司西姆斯（Syms）骤然加剧。当公司创始人兼董事长西·西姆斯（Sy Syms）任命其女儿马西（Marcy）为总裁后，他的3个儿子中的2个立刻离开了公司（不过其中一个后来又回来了）。

打造家族王国

威廉·奥斯古德·泰勒（William Osgood Taylor）是联合出版社的第四代领导者，这家出版社有着117年的历史，它的旗舰报是《波士顿环球报》（*Boston Globe*）。这个企业王国是查尔斯·泰勒（Charles Taylor）将军与金融家埃本·乔丹（Eben Jordan）一起在1872年创建的。如今，泰勒和乔丹家族约160人共同掌握着这家公司，他们的综合财富据估计有17.5亿美元。

在舞台边上等待上台的是本·泰勒（Ben Taylor），他是《波士顿环球报》的执行主编，也将是泰勒家族管理这家公司的第五代掌门人。

站在《纽约时报》舞台边的是小阿瑟·奥克斯·索尔兹伯格

（Arthur Ochs Sulzberger），也称平奇（Pinch）。他的父亲阿瑟·奥克斯·索尔兹伯格，通常被称为庞奇（Punch）。

平奇（Pinch）的曾祖父阿道夫·奥克斯（Adolph Ochs）曾是田纳西州的一个新闻记者，1896年他以7.5万美元的价格买下了《纽约时报》。1935年，他的女婿阿瑟·海斯·索尔兹伯格（Arthur Hays Sulzberger）接班掌舵，并管理这家报纸直至1961年。然后，他又把大权转交给了自己的女婿，也就是他的长女玛丽安（Marian）的丈夫奥维尔·德赖富斯（Orvil Dryfoos）。（娶老板的女儿为妻曾经是通往成功顶峰的必然途径，但在当今时代，老板的女儿很可能会想把这把交椅留给自己。）

两年后德赖富斯去世，所以索尔兹伯格又转向了他的儿子庞奇（Punch）。于是36岁的庞奇就突然成了老板，手下是一批远比他年长、比他经验丰富的员工。正如与他处境相似的其他家族企业的接班人一样，庞奇把工作打理得很好。**在管理公司方面，才能只是一个很小的因素，如果你名正言顺、恰逢其位，而且拥有相应的权力，要出错也并不容易。**

钱生钱。截至目前，《纽约时报》旗下拥有27份日报、9份周报、17份杂志[其中包括《家庭圈》（*Family Circle*）和《麦考氏》（*McCall's*）]、5家电视台以及其他各种资产。这个家族还通过信托方式控制着价值5.5亿美元的股票。此外，索尔兹伯格家族的成员还拥有信托之外的大量股票。

时光流逝，庞奇现年已经64岁，而平奇也已37岁，所以估计平奇上台的机会很快就会来临。

安海斯－布希是另一家仍处于家族控制中的美国公司，现任首席执行官是奥古斯特·布希三世（August Busch Ⅲ），他是布希家族以此身份掌管公司的第四代人。他的曾祖父阿道弗斯·布希（Adolphus Busch）通过与埃伯哈德·安海斯（Eberhard Anheuser）的女儿联姻而开创了这个企业王国。阿道弗斯最初以推销员的身份加入其岳父的啤酒厂，后来他成了公司合伙人，最后成了该公司的总裁。

安海斯－布希公司是个市场营销巨头，每年的销售额近100亿美元（仅旗下百威的年销售额就达到50亿美元）。然而，其领导者不过是个仅在亚利桑那州立大学上了两年就辍学的人而已。奥古斯特·布希三世是一个出了名的花花公子，他生活奢华，对滑雪和垂钓有着异乎寻常的热情。

作为这家啤酒公司的掌管者，他的姓氏令他名正言顺、无可挑剔。那么奥古斯特三世去世之后谁将接任首席执行官一职呢？我们的宝押在其长子奥古斯特四世身上。

从理论上讲，对于安海斯－布希这种上市公司来说，这种任人唯亲的做法并不是上策。然而，**从实际情况来看，我们看不出家族出身的主管和非家族出身的主管之间在能力方面有什么差异。**

事实上，奥古斯特·布希干得相当漂亮，完全对得起他去年所得的886.1万美元的薪金。在过去的10年中，安海斯－布希在美国啤酒市场的份额从28%上升到了43%，增加了15个百分点。我们不妨拿他表现同罗杰·史密斯（与其同时的通用汽车公司的行政总监）比一比。大约在同时期之内，通用汽车公司在美国的市场份额下降了10个百分点。

　　小埃德加·布朗夫曼（Edgar Bronfman）也是一家酒类饮料公司的第三代家族领导。他一路爬升很快，34岁的时候就成了施格兰公司的总裁，而当时加入该公司不过6年而已。对于一个没上过大学、在16岁就投入演艺圈的年轻人来说，能走到这一步真是相当不错。更令人惊讶的是，埃德加是越过他哥哥萨姆而当选的，而萨姆在加入施格兰公司之前曾念过大学。（萨姆现在负责施格兰公司的国内红酒业务，而且他并没有对自己的弟弟埃德加表现出任何怨恨。）

　　令施格兰公司接班人问题进一步复杂化的是，埃德加的父亲老埃德加·布朗夫曼有个名叫查尔斯的兄弟，他是施格兰公司的联合董事长。此外，查尔斯有一儿一女，他们可能都曾对该公司的领导职位感兴趣。

　　然而在保持对施格兰公司的控制方面，布朗夫曼家族表现出了非凡的智慧。至于他们能否抵御住暴风雨进入第四代，我们需拭目以待。很显然，他们投入的赌注是值得的。布朗夫曼家族在施格兰公司的38%的股份市值超过20亿美元。

　　能力不是问题。任何一个拥有3位数智商并具备一定外交手腕的人都能以守成之势管理一家现代企业，且并不会与多数其他大企业的高层管理者有多大区别。自负、贪婪和妒忌才是成败的关键所在。这方面问题泛滥的话，家族控制企业就会在内部战争的硝烟中灰飞烟灭。

　　当几代人能同心协力之时，家族型赛马就会表现出异乎寻常的威力。巴尼公司（Barney's）最初只是一家小型男士服装折扣公司，是三代之前巴尼·普雷斯曼（Barney Pressman）所创办的。如今，巴尼已经成了纽约零售市场上一道亮丽的风景，仅仅在曼哈顿的一家销售点上，年营业额就达到了约1亿美元。巴尼成了美国一家大型公司，这个成绩可不是一蹴而就的。现在，40岁的吉恩·普雷斯曼（Gene Pressman）和他的弟弟罗伯特一起管理着公司。

比尔·万豪的事业起始于其父于1927年开设的"热卖店"——一家只有9个座位的麦根沙士（一种用植物根部做香料的汽水）小店。而今的万豪公司价值80亿美元，拥有23万员工；除了豪生酒店、大男孩餐厅和多家机场礼品店之外，它还拥有558家酒店。该家族的股票市值至少有14亿美元。

当老万豪将公司交给他的时候，比尔·万豪比埃德加·布朗夫曼还要年轻。虽然是个上市公司，但是万豪却被牢牢掌握在家族手中。比尔的兄弟理查德是万豪的副董事长。两兄弟加上其母亲，在董事会的8个席位中共占了3个。

把权杖交送到下一代手中也许会带来问题。比尔·万豪3个儿子中的2个（分别是29和31岁）以及他的女婿都受雇于这家公司，但是职务都不高。万豪说："问题在于，他们想坐在这间办公室里吗？他们必须得表明自己确实精力充沛、聪明机智、尽心尽责并忠于职守。"

嗯，看来比尔·万豪忘了他和他的兄弟是如何登上高层职位的。

家族型赛马能帮你占据一个良好的起点，而良好的起点至少是成功的一半。罗伯特·哈夫特（Robert Haft）在从哈佛商学院毕业4个月之后就在皇冠图书公司开始了他的事业，当年他才24岁。

哈夫特得到了多方帮助。他的父亲赫伯特·哈夫特（Herbert Haft）开创了美国第一家药品折扣连锁店达特（Dart）（愤怒的竞争对手们声称这是"不公平买卖"，而且起诉到了最高法院，但是败诉了）。当时的商场禁止达特在其中租赁场地时，因此他又开发了自己的购物中心，将之命名为综合产业公司（Combined Properties）。

起初，皇冠租用的是综合产业公司名下（或是租的）大楼中的场地(当你试图开办一家零售企业之时,有个老爸当房东是很有帮助的)。1977年，罗伯特·哈夫特在马里兰州的罗克维尔开了第一家店。现在，皇冠公司已在全国各地拥有257家书店，年收入2亿多美元。

哈夫特王国还包括罗伯特的弟弟罗纳德（30岁），他掌管着综合产业公司；以及他的妹妹琳达（38岁），她是家族产业财务方面的执行副总裁。据估计，哈夫特家族的财富超过4亿美元。

要骑上这匹赛马，你并不一定必须完全拥有它。盛田昭夫因为创建了索尼而出名，但是他和他的家族在索尼只拥有10%的股份，但这已足以使他弟弟盛田正明成为索尼的两名副总裁之一。

许多家族王国都是名副其实的家庭事务。1952年冬天的时候，戴夫·麦科伊（Dave McCoy）还是洛杉矶市的一名全职水道测量员。在工作日里，他测量塞拉山（Sierra）的雪层，而在周末期间，他打理自己的生意——他在马默斯地区的山坡上支起便携式缆索，他的妻子罗玛负责收取两美元的索道费。

如今，戴夫·麦科伊在加利福尼亚州拥有两处度假胜地，分别是马默斯山（Mammoth Mountain）和琼山（June Mountain）。马默斯旅游胜地每年所出售的索道票比西半球任何滑雪场都多。他的整个家族都参与其中，这份产业包括一家有着216个房间的酒店、3个度假屋、4个滑雪坡道、3个咖啡馆以及2家饭店。

他共有6个孩子，长子加里是马默斯的总经理，坎迪管理相对较小一些的琼山设施，彭尼则负责协调特别活动，兰迪是公司的故障排除人员。而卡尔在不列颠哥伦比亚经营一家农场，为马默斯和琼山提供肉牛；丹尼斯也是如此，他在美国蒙大拿州拥有一个农场。

麦科伊家是一个典范，它向我们示范了一个大家庭如何才能和睦共事。然而，并不是每个家庭王国都能在这方面保留良好的纪录。

道奇（Dodge）兄弟——约翰（John）和霍勒斯（Horace）在1914年推出了道奇汽车。6年之后，他们的年销售量是15万辆，仅次于福特公司。当时，他们的共同财富约为2亿美元，相当于今天的15亿美元左右。

然后，两兄弟突然相继去世。约翰去世于1920年年初，而霍勒斯也于数月之后去世。他们二人都年仅50多岁，留给妻子、前妻以及8个孩子的是一大笔财富。不幸的是，关于如何处理这笔财富，所有的继承人都一无所知。而工作的本质是什么，他们也毫无头绪。

小霍勒斯·道奇曾经在工厂里工作过几个星期，然而正如他对媒体所说，最令他痛苦的事情就是在早上6点起床。他的母亲也赞同他这种行为，她希望自己的儿子进入上流社会，而不是像其父亲那样在又热又脏的工厂里辛劳一生。由于没有工作，没有责任心，道奇家的继承人们耽于上流社会生活，且为了争夺更多家产而争斗不休。在整个20世纪20年代，道奇家的衰事几乎每天都会在媒体上上演：经济问题、离婚、监护权之争、超速被罚，甚至还有人被判入狱。

　　家族型赛马指的并不是金钱本身，甚至不是金钱能够买到的东西，它指的是金钱所代表的机会，即利用家族关系获取一定地位的机会。这种地位包括权力和职责，以及最重要的东西——自重。

　　正如道奇家族一样，有些家族将自己的机会虚掷在内部纷争和花天酒地之中。科尼利厄斯·范德比尔特（Cornelius Vanderbilt）曾经是世界上最富有的人。当他于1877年去世时，他给自己的继承人所留下的资产比美国国库还多。然而，他去世还不到70年，范德比尔特家族的豪宅中的最后一座就已经成了废墟，这座豪宅曾沿着第五大道而建。1973年，当他的120名后人齐聚范德比尔特大学举行家族首次重聚活动时，他们当中没有一个百万富翁。

女性骑手

　　对于希望有一份事业的女性，尤其是那些想进入企业高级管理层的女性来说，这个时代令人心灰意懒。在《财富》500强企业中，只有一家企业是由女性掌管的。这位女性名叫凯瑟琳·格雷厄姆（Katherine Graham），她是华盛顿邮报公司（Washington Post Company，拥有《华盛顿邮报》和《新闻周刊》杂志，还有4家电视台）的董事长。格雷厄姆女士并不是从底层开始做起然后爬上高层的。（在今天这样存在性别歧视的社会中，无论一位女性如何富有才华，要做到这一点都是不可能的。而且企业越大，女性要单凭个人能力进入公司高层，其可能性就越小。）

　　凯瑟琳·格雷厄姆是骑着家族型赛马进入这家在美国排名第

269的大公司的高层的。这个职位原本属于她的父亲尤金·迈耶（Eugene Meyer），他在1933年经济大萧条最严重的时候通过竞拍买下了这份报纸。当他于1946年成为世界银行的总裁之后，他把《华盛顿邮报》交给自己的女儿及其丈夫菲利普·格雷厄姆（Philip Graham）打理。菲利普在此15年后去世，直到这时，该公司的大权才落到凯瑟琳一人手里。

女性要进入高层是非常难的。《财富》杂志调查了其排行榜上1 000家最大的工业及服务企业中所有已上市公司所提交的委托书。在4 012名薪水最高的高级职员和主管中，只有19名是女性，所占的比例不足0.5%。

1978年，当《财富》杂志对6 400名高级职员和主管进行类似的调查时，只发现了10位女性。尽管可以说女性已经取得了一些进步，因为在12年中，在大企业里担任高层职位的女性增加了200%。但是女性人数仍以211∶1的悬殊比例远远落后于男性人数，所以说这点进步实在微乎其微。

而且这种情况在短期之内也不大可能改变。"我们这一代是在15~20年前毕业的。"一位46岁得女主管说，"男性已经等着掌管大型企业了，但女性却不行。情况就是这样。"

现在你知道了，如果你是男性，关于你能否骑上企业型赛马并走向成功，我们半信半疑。但假如你是女性，我们会非常怀疑你是否有机会。

把宝押在家族型赛马上更好一些。假如你有合适的父母（当然，只是假设），那你就可以骑在这样的赛马上一路飞奔。它是通往成功之巅的"门票",这一点几乎确定无疑。

伯纳德特·卡斯特罗(Bernadette Castro)是卡斯特罗折叠家具公司(Castro Convertibles Corporation)的总裁,这是一家极为成功的家具制造和零售企业,创始人是她的父母,起步之地是位于纽约的一个阁楼。在20世纪50年代,该公司通过让伯纳德特在电视广告中担任主角而使她成了名人。(现在,该公司的商标上仍然把她描绘为一个正在打开一件卡斯特罗折叠家具的小女孩。)

伯纳德特也许是纽约地区最为有名的女主管,她应有尽有:一家价值2亿美元的公司、坐落于长岛海峡附近的一幢有30个房间的豪宅、一艘长达30多米的游艇,当然还有4个孩子和1个丈夫彼得·吉达(Peter Guida)博士。(伤心去吧,唐纳德·特朗普。)

另一个例子是克里斯蒂·海夫纳(Christie Hefner)女士。尽管看起来可能性不大,赫夫纳女士在年仅29岁时就当上了花花公子实业公司(《花花公子》杂志的出版商)的总裁,当时她甚至比一些该杂志中的插页女郎还年轻。正如你可能已经料到的那样,她父亲休·海夫纳(Hugh Hefner)在该公司拥有70%的股份。

但是你可能料想不到的是,克里斯蒂·海夫纳女士曾在艰难的环境中在花花公子创造了令人难以置信的成就。1984年,她被任命为首席运营官。1989年,她又成了首席执行官。年收入达1.66亿美元的花花公子公司是一家巨型公司,潜力巨大。克里斯蒂·海夫纳试图把《花花公子》打造成与《华盛顿邮报》齐肩的出版业巨头,她的路还很长,毕竟现年她才36岁。

虽然很明显男性能做的事情女性也都能做到,但是女性如何才能进入"游戏"圈子？这一点就不那么显而易见了。在疯狂忙乱的商品交易所（即曼哈顿商品交易所）里，女性寥寥无几。其中之一是37岁的唐娜·里德尔（Donna Redel），她是里德尔贸易公司（Redel Trading Corp.）的执行副总裁。

大约10年前，她父亲让她加入家族的商品交易公司。她照办了，然后帮助把里德尔贸易公司建设成了曼哈顿商品交易所里的重要公司之一。她赢得了同行的尊重，并被选为该交易所运营委员会（交易所中一个重要的监督机构）的主席，这可是个时代错位现象。

为什么没有涌现出更多像唐娜·里德尔这样的女儿呢？就这个问题，我们请教了卡丽·施瓦布·波梅兰茨（Carrie Schwab Pomerantz），她是查尔斯·施瓦布的女儿，而查尔斯是美国第一家折扣经纪公司的创始人，一位取得了巨大成功的人士。"事实上，我也去为查尔斯·施瓦布工作过，"她说，"我接受了培训，成了一名持牌股票经纪人。"但之后她因为结婚而离开，然后加入了宝威制药公司（Burroughs-Wellcome）——艾滋病防护药AZT的生产商，在这家公司她取得了一个重要的营销职位。

为什么卡丽·施瓦布现在不为查尔斯·施瓦布工作呢？她宣称："我想凭借自己的能力取得成功，而不是仅凭老板的女儿这一点。"这是一种健康的心理态度，也许会对人的心理健康有益，而且这也是富人和名人的儿女们的普遍想法。

这也正是我们写本书的一个原因，你不可能完全单凭自己取得成功，每个人都需要一匹坐骑。为什么不骑上你生来就有的那匹赛马呢？

　　如果你是父母，请不要在家族企业里仅给孩子一份底层工作，而是要鼓励他们，理解他们。"我知道你想凭自己取得成功，但是每个人都需要一匹坐骑。我就是你的那匹坐骑，所以尽管跳上来。"

　　要诚实。你甚至可以跟他们分享一下你自己是如何取得你那耀眼的头衔并成为这样一位显赫人物的，换言之，就是跟他们说说那匹令你踏上成功之途的赛马。它可能是某个人，也可能是某个事物。告诉他们，多年来你一直把它深藏心底，因为你也曾"希望凭借自身取得成功"。

　　如果你有个女儿的话，这一点尤其必要，因为许多父母都会提携自己的儿子而不是女儿。凯瑟琳·格雷厄姆让她的儿子唐纳德接管了《华盛顿邮报》，却没有选择唐纳德的姐姐伊丽莎白，原因何在？

　　20世纪80年代初期，当其女儿埃米莉·辛纳达尔（Emily Inadar）从丹佛大学毕业后，阿瑟·辛纳达尔（Arthur Cinadar）让她加入他的公司克鲁集团（J. Crew Group）。从此之后，克鲁集团鸿运当头。自从1983年寄出第一份产品目录之后，该公司的年销售额直线上升。而现在（1990年左右）克鲁集团几乎同拉尔夫·劳伦的POLO衫、巴黎水（一种有气矿泉水）、宝马汽车以及和夹心饼干里的冻酸奶一样，成了雅皮士们的身份象征。1989年，克鲁集团销售额约为 3 亿美元。

　　埃米莉现在是克鲁集团的总裁和设计总监，她现年才 28 岁。在别的哪个地方你能在30岁之前就当上一家价值3亿美元的公司的总裁呢？

　　持批评态度的人可能会说，她之所以能得到这份工作完全是因为她的父亲。没错，可是那又如何？每个人都需要一匹坐骑，每个人都期盼这匹坐骑能在恰当的时间出现在恰当的位置。

持批评意见的人可能还会说，当她父亲去世之后（他已经62岁了），克鲁集团可能会因为她的经营不善而坍塌。这一点不大可能成真。事实上，由父母所培养出来的管理人员，其业绩记录相当不错，通常都胜过那些从外面聘请来的陌生人的业绩记录。

发挥家族姓氏的作用

在进行产品推广时，品牌名称影响巨大，它常常决定着某个产品的成败。在受众营销中，这一规则却常常被人遗忘。

如果你生来就拥有一个品牌名称，请充分利用它。你总不会认为，纳尔逊·洛克菲勒（Nelson Rockefeller）能成为纽约州州长以及约翰 D. 洛克菲勒（John D. Rockefeller）能成为西弗吉尼亚州州长完全是因为他们是优秀的政治家吧。实际上，他们那广为人认可的家族品牌名称帮了他们大忙。

在纽约的广播领域，一个极具影响力的品牌名称是甘布林（Gambling）。这个王国是约翰B. 甘布林（John B. Gambling）于1924年在WOR电台创建的。1959年，他把早点电台节目《与甘布林漫谈》（*Rambling With Gambling*）转交给了他的儿子约翰 A. 甘布林（John A. Gambling）。现在，第三代人约翰 R. 甘布林（John R. Gambling）正准备接手这一广受欢迎的早间节目。

这三代甘布林人不仅仅创建了一个影响力巨大的品牌名称，他们还把《与甘布林漫谈》打造成了一个在美国播出时间最长的电台节目。

在电视和电影界也出现了同样的现象。比如，方达王国是资深演员亨利·方达（Henry Fonda）通过《十二怒汉》（*12 Angry Men*）这样的影片创建起来的，他的儿子彼得又通过经典影片《逍遥骑士》（*Easy Rider*）捕捉到了20世纪60年代美国社会中的反叛心态，而他的女儿简则通过一系列极为成功的健身录影带和热门电影成了家族中最大的明星。（即使是河内之行也没能阻挡简·方达的星路。）

除了一长串成功影片和电视节目之外，劳埃德·布里奇斯还有两个同样是电影演员的儿子博和杰夫，电影《一曲相思情未了》（*The Fabulous Baker Boys*）就是布里奇斯兄弟二人主演的。

休斯顿家族的三代人分别是沃尔特、约翰和安杰利卡，他们都赢得过奥斯卡金奖。除此之外，还有托尼·柯蒂斯（Tony Curtis）和他的女儿杰米·李·柯蒂斯（Jamie Lee Curtis）、约翰·卡拉丹和他的儿子戴维、基思和罗伯特，以及马丁·希恩（Martin Sheen）和他的儿子查理（Charlie），最后还有科克·道格拉斯及其儿子迈克尔。

电影王国的一个流行说法是，才华是可以继承的。情况也许如此，但其实同样重要的一点是，品牌名字也是可以继承的。如果不参演电影，你是不可能成为电影明星的。而如果你拥有某个"品牌"姓氏的话，你就很容易在某个电影中得到角色。

好莱坞里的真理同样也适用于其他领域。大多数人没能成为电影、电视、电台明星或者首席执行官，并非因为他们不具备那种才华，而是因为他们根本就没有机会。在成功的配方中，进入"游戏"圈子这个因素至少在其中占了3/4的分量。

POSITIONING

第13章

更 换 赛 马

时光本应逆行倒转。我们应该生下来就年老且经验丰富，然后随着时光流逝，我们应该越来越年轻，直到某一天走进娘胎，消失于这个世界。

如果那样，我们就会明确知道这一生该如何度过，人生中做出决定也会更容易，事后之智也会变成先见之明。

奇怪的是，许多人在做决定时仿佛时光真的在倒流，他们带着一种空茫的自信为未来做出种种计划，仿佛将来的一切都会按照这些计划展开。"我打算去上大学，然后再念医学院。实习之后，我会结婚，然后我们要买一栋房子，生两个孩子（一男一女）。我们要去打高尔夫和网球，并且要加入一个乡村俱乐部。我们甚至打算在佛罗里达州买一栋房子，以便安享晚年。"

类似这样的设想肯定在你脑子里出现过。无论你的个人设想具体是什么，这些设想恐怕都只会是一条持续不断的线，它永远只会向上、向前延伸。在大多数这种设想中，类似于员工被炒鱿鱼、雇主破产、身体状况恶化以及离婚这样的坎坷和曲折都是不存在的。无独有偶，在这些设想中，诸如彩票中奖、取得惊人发明或者邂逅某个能改变你人生的贵人这样突如其来的大喜之事也不存在。换言之，我们的设想中一般不会出现找到一匹坐骑这种事。

其中原因之一在于，坐骑要求我们做出改变。你也许需要改行，要搬到另一个州去，或者要接受另一种不同的生活方式。然而谁喜欢变化呢？

事实上，人人都安于现状。当然，每个人也都希望境况能更好一些，挣的钱更多一些，买更好点的房子，并且买一辆更高档些但

又不会贵很多的汽车。我们都希望人生的曲线能平稳地按照我们的
期望向上延伸。

但是变化（而且常常是意外的变化）才正是人生取得极大成功
的必要条件。**当你找到一匹坐骑的时候，你必须在心理上做好上马
准备。否则的话，它就会成为一番空想。如果你总是做自己一直在
做的事情，那么你就只能得到你惯常所得到的东西。**

如果你只是稍有野心，那还不够。大多数人都不曾接近过自己
的真实潜力，这并不是因为努力不够，有时候甚至不是因为没有能
力找到一匹坐骑，而是因为他们害怕变化。还是那句话，如果你总
是做自己过去一直在做的事情，那么你就只能得到你惯常所得到的
东西。

你必须强迫自己打破这种模式。你必须放弃熟悉所带来舒适感，
而甘愿忍受不熟悉所带来的压力。有些人是被逼无奈，他们都是失
败者，比如那些总是出于某些原因而失业的人，也许是他们所在的
企业倒闭了，也许是他们被炒了鱿鱼。这一切也许是他们自身的过
错，也许不是。

大街上这样的失败者很多。大致来说，在他们的事业生涯中，
约有一半的员工会遭遇一次或者多次被炒。如果这样的事也发生在
你身上，请振作起来。

**失败者中会有相当一部分人最终取得巨大成功，而比起那些从
来不曾经历过被解雇之辱的人中成功的比例，这个比例要更高一些。**
被解雇会迫使你从头开始，所以你会四下寻找机会，然后你也许就
会找到一匹可供骑用的坐骑。

　　而当你拥有工作的时候，你会停止搜寻。你会专心致志于自己的职位、企业和晋升的机会。你此时的策略是努力工作，这样也许他们会注意到你。这样你就成了一匹被蒙上双眼的马，一门心思都放在赢得比赛上。

　　有些人在同样的赛道上奔跑了二三十年，但却成就甚微。那么他们会怎么做呢？他们会更为努力。我们称此为"掉队心理"。（安飞士汽车租赁公司在汽车租赁公司中只排名第二，那为何要与我们同行？因为我们会更加努力。）**努力工作蒙蔽了你的头脑，它使你一直重复过去的老路。**

　　也许你并没有注意到，安飞士仍然是第二，它仍然更努力。不易得手的东西恐怕根本就不会得到。

　　也许你可以改进策略：更换坐骑。但最难的一点往往在于做出更换坐骑这个决定，而找到另一匹赛马反倒并不十分困难。

　　你应该在何时更换坐骑呢？就业指导领域里最古老的陈词滥调恐怕是这个：当你原来的工作不再充满乐趣的时候，你就应该寻找另一份工作。

　　如果你也持这种观点，那么你的问题就比较严重。远在你的工作给你造成困扰之前，你就应该抬腿走人了。许多人都惯于因循苟且，他们知道自己应该离开，想要离开，而且必然会离开，但是他们就是不断地推迟找工作的事。与此同时，他们会端坐在办公桌后，看着这份工作境况不断恶化，直到忍无可忍。

　　此时，你需要另找一份工作，而且要尽快，所以你接受了出现在面前的第一份还算像样的工作。虽然这份工作并不如你所愿，但是你已经不顾一切了。其结果是：又是几年忧烦的日子，然后又开始新一轮的恶性循环。

实际上，我们认为你应该在目前境况还算乐观的时候就更换坐骑。如果你这么做，那么你就处于主动而不是被动的地位。然而，有些人非得迫在眉睫之时才会有足够的动力去采取行动。如果你认为自己属于这一类型，那么有一种办法可以使你摆脱此种境况。

问一下自己："从现在起，我打算在这家公司干5年吗？"如果答案是"绝对如此"，那么你已经找到自己的坐骑了，你应该竭尽全力骑上它。

如果你的答案是"绝对不会"，那么你就不应该再犹豫不定，继续浪费5年时光，而应立刻着手寻找另一匹坐骑。

慢慢来，不要仓促行事。你现在的工作尚有乐趣可言，不是吗？所以你还有一段缓冲时间，可以慢慢选择，而不是饥不择食地接受第一个上门的机会。然而，你要记住，你要找的不是一份工作，而是一匹赛马，这两者之间存在着很大不同。

工作指的是一份与职责、工时、薪水、医疗福利、养老金、额外津贴等相关的职位，而赛马则指的是一个创意、一种产品或者某个人。当你接受某个工作岗位时，你就等于是置自己于流水线之上，要求自己提供具体的服务。而当你骑上一匹赛马时，你等于是要与自身之外的某人或某事共命运。你最终所做的事情可能与你最初的期望完全不同。只要你的坐骑能载着你开始一段奇妙的旅程，何必管它那么多！

为一个赢家当洗碗工也胜过当泰坦尼克号的船长。

对"我打算从现在起在这家公司工作5年吗"这个问题，假如你的答案是"也许"（不要担心，这个答案并不罕见），那么你应该采取行动，就像自己不会在目前这家公司再工作5年那样。要睁大双眼，四处寻找。

研究一下那些成功人士的事业历程，你会发现他们的头脑都十分灵活。他们不仅能发现机会，而且还能在机会消失之前果断出手抓住它。**最令人悲哀的是那些仿佛被凝固于时间中的人，任何好事都不会发生在他们身上，因为他们似乎不思变迁。**最近，在颇负盛名的哈佛大学肯尼迪政府学院主管校友事务的主任离开了该学院，在"街头顽童"（New Kids on the Block）流行乐队中当了一名经理。这也许并不是一个好主意，但是你能看出这个人身上存在着一种心理弹性，而这正是取得巨大成功所必需的。我们并不建议你频繁跳槽，忙于从这家企业跳到那家企业，尽管有许多成功人士在事业初期确实都经历过一连串的跳槽。他们取得巨大成功的原因在于，在找到合适工作之后他们就会定下心来。所以并不是你的第一份工作会使你成为成功人士，而是你的最后一份工作。

当你离开的时候，请不要过河拆桥。世事难料，也许情况会发生变化，新的领导团队入驻，他们想留下你，会大幅提高你的薪水并给你提供一匹相当有吸引力的坐骑也犹未可知。

你怎样才能辨别出哪些境况能为你更换坐骑并创造机遇呢？下面是一些指导原则。

出现新兴行业之时

时光倒退到1983年，当个人计算机行业刚开始兴起的时候，简·尼格伦（Jan Nygren）卖掉了自己的钢琴，买了一台个人计算机。她现在已经是计算机培基有限公司（Computer Basics, Inc.）的总裁，该公司是长岛（位于纽约州）最重要的计算机培训公司之一。

在探索计算机世界之前，尼格伦在格伦科夫一所学校任教。具体来说，她对计算机能以何种方式给予孩子们帮助进行了探索。很快，她将自己的车库改成了一间工作室，开始开办培训班。现如今，计算机已经成了她生活中的首要关注对象（她说仅次于她的家庭）。她到世界各地参加研讨和会议。

现在你能做与1983年简·尼格伦所做的相同的事情吗？当然，你也可以卖掉自己的钢琴然后买一台个人计算机，但是你恐怕已经不可能借此来创办一家企业了。个人计算机所开启的机遇之窗已经基本上关闭了。

当一个新行业兴起之时，大多数人都恐避之不及，因为他们在这个新行业里毫无经验。但是不要忘了，其他人也一样。这就是为什么新行业代表着黄金机遇。

吉姆·曼兹（Jim Manzi）在找到发财之路之前也晃荡了好几年。1973年从柯尔盖特大学毕业之后，他到哥伦比亚大学学习古典文学。在学了12星期的柏拉图和亚里士多德后，他加入了《国家评论》（*National Review*）杂志，为小威廉·巴克利（William Buckley）研究一本与联合国有关的书。1974年他跳槽到了位于纽约切斯特港的《每日文献》（*Daily Item*），在这里他因为几篇关于一位固定合同投标的乡村职员的报道而获了奖。3年之后，在塔夫特大学学习期间，曼兹决定经商。因为不确定该做哪一行，所以他加入了麦肯锡公司做一名顾问。1982年，他被派加入了一个小组，该小组当时正在为莲花发展集团（Lotus 1-2-3电子表格软件的发行商）撰写一份商业计划。

1983年，曼兹加入了莲花公司，负责市场营销和销售。1984年，他被任命为该公司的总裁。1986年他又成了该公司的董事长兼首席执行官。而在1987年，他的薪水和优先认股权为他挣到了2 630万美元，这使他成了美国薪水最高的首席执行官之一。

当时吉姆·曼兹只有 35 岁。对于一个在加入莲花集团之前从未编写过计算机程序，而且也没有任何管理经验的人来说，这样的成就颇为显著。然而从另一方面来讲，其他人在这方面也没有多少经验，个人计算机行业当时才刚刚起步。

1971年，哈罗德·卡茨（Harold Katz）创建了营养系统公司（Nutri / System），当时他 34 岁。他没上过大学，而且在减肥行业也没有任何经验。（他曾在其父的杂货店里工作过，之后又卖过保险。）他唯一拥有的就是动力，多年来他曾亲眼目睹自己的母亲与肥胖苦苦斗争。他还想出了个好点子：他的公司根据顾客希望减少的体重而向其预收巨额的费用。（谁能抵挡得了提出一个大数字这种诱惑？）

10年之后，卡茨将营养系统公司上市。截至1983年，这家公司已经在50个州成立了680个中心。卡茨发了大财，他拥有该公司

65%的股份，账面上的资产净值3亿美元。尽管随后股票跌倒了最低点，不过这是后话了。

当竞争态势转变时

在一个行业发展的早期，形势往往波动剧烈。各个企业兴衰沉浮，最后秩序逐渐趋于稳定，然后会持续相当一段时间。

个人计算机行业也不例外。微型仪器和遥感系统公司（MITS）的Altair于1975年1月在《流行电子》（*Popular Electronics*）杂志的封面上出现后不久，市面上就出现了5种机器。除了Altair系列之外，颇具竞争力的机器还包括苹果Ⅱ代、科莫多宠物（Commodore Pet）、IMSAI 8080 和雷莎（Radio Shack）TRS-80。

苹果已经成了个人计算机领域的主宰，而科莫多宠物和雷莎逐渐被边缘化。这样，市场上就只剩下了MITS的Altair和 IMSAI 8080，它们的角色发生了有趣的转化。

IMSAI是比尔·米勒德（Bill Millard）发明的，他曾在IBM做过推销员，而此前他曾自己开过一家计算机咨询公司。曾有一度，IMSAI的销量一路领先于MITS，但是不久又被MITS超越。而米勒德并不是计算机专家，他只是个推销人员。

有一天，一个外行约翰·马丁（John Martin）带着一个想法找到了米勒德：为什么不成立一个机构，准许计算机商店进行特许经营呢？可以把特许经营证以每张1万或者1.5万美元的价格卖给经销商，然后向他们出售 ISMAI 计算机，并针对其所销售的商品提取5%

的佣金。

米勒德买下了这个创意，计算机天地（ComputerLand）随之诞生。当IBM于1981年8月推出个人计算机时，计算机天地成了售卖该产品的第一家零售商。与此同时，IMSAI机构消失，而计算机天地取而代之。米勒德成功地更换了坐骑，从计算机生产转向了计算机零售。

1987年比尔·米勒德洗手不干，并搬到了塞班岛。在离开美国之前，他以8 000万美元的价格卖掉了其在计算机天地中52%的股份。10年努力换来如此回报，结局已算相当不错。

企业形势发生变化时

无论在哪里，聪明灵活都是一笔资产，当你在大企业任职时，情况尤其如此。无论何时，你都有可能被人从马背上射落。

在39岁之时，唐纳德·布伦南（Donald Brennan）是国际纸业公司（International Paper）的副董事长，而且是该公司的董事长埃德温·吉（Edwin Gee）的准接班人。1982年，当董事会支持另一个人当董事长而对他弃之不顾时，布伦南立刻更换了坐骑。他在摩根士丹利旗下的纸业咨询集团找了份工作。他干得十分出色，而今他负责摩根士丹利旗下的商业银行业务。1989年，他至少挣了700万美元。

多数管理者如果遇到与布伦南同样的情形，都会选择在国际纸业公司等出个结果，也许新任总裁会把工作搞砸。一般的态度是

"我就要在旁边等着瞧，看他会不会翻船"，这并不是上策。**在某人决定不把某份你想要的工作给你之后，如果你在旁边等待，你就给了他们再次拒绝你的机会。**

如果一开始的时候没能取得成功，那就应该更换坐骑。不要给管理者第二次机会，让他们再做出一个愚蠢决定。

艾伦·列斯克（Alan Lesk）在美顿芳内衣公司（Maidenform）工作了半辈子。在48岁的时候，他当上了这家价值2亿美元公司销售和采购部门的高级副总裁。他期盼着某一天该公司 73 岁的董事长比阿特丽斯·科尔曼（Beatrice Coleman）会任命他做接班人。（"我梦想着自己会成为美顿芳内衣公司的总裁。"）

这个梦想于1989年9月25日成了现实，但梦想成真的不是艾伦·列斯克。权力的衣钵传给了公司的另一名副总裁罗伯特·布劳尔。布劳尔有一个优势，他是科尔曼女士的女婿。3天之后，列斯克离职另谋高就。

"生活是不公平的。"肯尼迪说。在大型企业里，生活更不公平。而在一家家族型企业里，一切几乎没有任何指望，除非你是该家族的成员。

当百年难遇的机会来敲门时

1984年，27岁的罗宾·德·格拉夫（Robin De Graft）是保温材料制造公司埃克斯陶尔公司（Extol）的厂长秘书，它位于俄亥俄州桑达斯基市。而今那位厂长为她工作，她是这家工厂的所有者。

1984年，当埃克斯陶尔的所有者欲将这家工厂拍卖时，厂长秘书德·格拉夫劝说公司主管人员让她第一个投标。他们同意了，条件是她得找到资金。

有5家银行拒绝了她，但是第6家银行为她提供了将近10万美元。德·格拉夫接手这家公司后，其销量翻了几番，年销量达到了每年170万美元。这家公司现在还在扩张，最近正在休斯敦购买一套设备。

当那种百年难遇的机会出现的时候，不要退缩，也不要说："我才27岁，也许我应该先掌握更多的经验再来担当如此重任。"

尽管做吧。下一个百年难遇的机会也许要等到下辈子才会出现。

托尼·瑞安（Tony Ryan）在爱尔兰国际航空公司（Aer Lingus）做了16年的中层管理者，期间一直默默无闻。可是到了1975年，当北爱尔兰的暴乱给客运带来极大的冲击时，公司让他试着把闲置的飞机租赁出去。结果生意很好，于是瑞安决定创办自己的公司，即后来的GPA集团。

拿着5万美元的资本以及爱尔兰航空公司分派任务时所签订的合同，瑞安开始行动。现在，GPA集团已经拥有了213架飞机，年收入达10亿美元。最近，他宣布了一系列计划，将以168亿美元的价格购买308架喷气式飞机，这是有史以来最大的飞机订单。

托尼·瑞安现在已经成了爱尔兰最富有的人之一，其净资产将近2亿美元。

在担任纽约市儿童开发署（Agency for Child Development）专员的时候，卢·法兰克福（Lew Frankfort）遇到了Coach皮革公司的创始人。在20世纪70年代中期财政危机期间，法兰克福曾帮助挽救了纽约市幼儿学前启蒙项目。

法兰克福后来加盟Coach，成了该公司负责特别项目的副总裁。1985年，他成了该公司的总裁。自从接管Coach之后，法兰克福使该公司的销售额翻了5番，金额高达1亿美元。

当你落入窠臼不可自拔之时

赫尔曼·凯恩是个"计算机迷"，他经过努力登上了贝氏堡公司（Pillsbury Company）的副总裁之位，主管公司系统和服务部门。由于从事行政工作且没有业务经验，所以他不大可能得到提升。

因此，在36岁时，凯恩转去贝氏堡旗下的一家子公司汉堡王工作，在那里他是一名烘焙工（有时候，为了前进你必须先后退一步）。2个月之后，他成了一名餐馆经理；在9个月之后，他成了一名区域副总裁。

凯恩随后又成了贝氏堡另一家子公司教父比萨连锁店（Godfather's Pizza）的总裁。1988年，凯恩同其他一些高级主管联手，对教父比萨进行了融资并购。从汉堡烘焙工到成为一家拥有500个分店的比萨连锁店的主要所有人，所需的时间仅为6年。就算是在快餐业，这个速度也够快的了。

保罗·罗曼（Paul Roman）陷入了职业瓶颈期，41岁的时候他还在通用电气从事公共关系方面的工作（同样41岁的时候，杰克·韦尔奇已经是通用电气的部门主管，距离最高层不过一步之遥），罗曼的事业显然没处在快车道上。

在家里，罗曼也很恼火。他打算做一些书架，但是因为没有高质量的说明书而止步不前。于是他突然冒出了一个想法，打算同妻子简一起创办一份高质量的木工杂志。

在保罗从通用电气辞职之前，夫妻俩拿出所有积蓄（12 800美元），针对一种取名为《优质木工》（*Fine Woodworking*）的杂志发了很多测试邮件。成功了！15%的回复率证明他们胜券在握。

现在，他们的唐顿出版社（Taunton Press）出版着《优质木工》以及其他4种杂志，总发行量将近90万份，此外他们还出版书籍和录像带。这家完全为罗曼夫妇所拥有的出版社现在有200名员工，年营业额达2 500万美元，税前利润至少300万美元。（韦尔奇去年才挣了260万美元。）

罗曼夫妇成功的原因之一在于，他们愿意赌一把。当他们以《优质木工》开始自己的冒险之旅时，他们有5个年幼的孩子需要抚养。

畏惧变化

导致人们不肯更换坐骑的首要原因恐怕就在于对未知事物的恐惧。人们死死抓住一匹步履蹒跚的坐骑不肯放手，其原因在于他们不能很好地应对新的尝试中所包含的不确定性。一旦明白了这一点，就不难解释人们为什么会抱残守缺、一事无成了。然而，某一天你的坐骑会在你胯下死去，而你也将会无物可乘。但是不要害怕，请继续读下去。现在你知道究竟是什么使你畏缩不前了，采取行动仍然不晚。然而，如果你真的在考虑更换坐骑的话，你首先要区分清楚你所需要注意的各种类型的恐惧。

一种恐惧是担心你的新坐骑不会驮着你走太远。（如果这次新冒险失败了该怎么办？）那又如何？你可以再次尝试。历史上不乏其例，许多人都是经过一连串的失败之后才找到了自己的理想坐骑。而且，你目前的坐骑也可能会令你失望。在当今这个收购、合并、倒闭事件频发的时代里，你尽可想象一下，万无一失的坐骑根本就不存在。

另一种潜藏的恐惧是，潜在的职业变化可能会导致社会地位的丧失。换句话说，如果拿我现有的这匹企业主管坐骑来换取经营当地企业这匹坐骑的话，会不会有人要求我退出乡村俱乐部？而在鸡尾酒会上，当有人问"你是做什么的"的时候，我该如何回答？

首先，你必须认识到，与社会地位相比，幸福更能为你带来满足感。我们认识一个企业主管，他放弃自己的高层身份，取得了一个当地折扣消音器的特许经营权。他为此非常高兴，不仅赚的钱比以前多了许多，而且还摆脱了企业里那些令人倒胃的钩心斗角。当有人问起他现在做什么的时候，他有两种回答，具体哪种要视当时心情以及周围的人而定。在一些高级场合，他会简而化之，称自己是一个投资人。（就在最近，投资了一家消声器特许经营店。）而在比较实际的场合，他会说自己是一名企业家，在当今社会，这是个非常热门的职业。

人们很容易不思变革，落入舒适的陷阱。

生活是可以预测的。你往往明白接下来会发生什么。你的经验使得你做事既快且易。而从另一方面来讲，变化会迫使你工作更为努力，以便学习新的技巧，以应对意料之外的事。**所以只是想想所有这些变化就会令你感到焦躁不安，突然之间你会想到种种不好的"万一"。结果，你手足无措，踌躇不前。**

对这种恐惧，我们深表同情。多年以来，当骑着广告代理这匹坐骑之时，我们也饱受这种恐惧的煎熬。

没错，亲爱的读者，我们其实并不如自己装出来的那样聪明。因为没有足够勇气克服对变化的恐惧，我们也曾以极其艰难的方式吸取了很多教训，我们也花了数年时间才成功更换了坐骑。也许我们应该简单介绍一些自己的经历。

在20世纪60年代后期，我们拥有一家新成立的广告公司，在功名荣耀之梯上奋力攀登。然后，我们想出了一个自认为宏大的计划：我们要把重点放在"战略"上，而不是放在"创造性"这根唯一的支柱上。所以我们开发了一种思潮以显示自己的战略能力，"定位"之说就出炉了。它就是我们的赛马，我们骑上它在广告行业继续前行。

时间一年一年过去，"定位"成了一个流行词汇。我们在其上又添加了一种想法，并将其称为"商战"；彼时我们仍然坚守着自己的广告公司，希望这能为我们带来更多的大客户。

然而希望始终没能成真。我们的广告公司没有取得任何发展。但是渐渐地，我们开始注意给我们打电话的人越来越多，询问的都是关于战略的问题而不是广告事宜。我们有没有看到这一线曙光并更换坐骑呢？没有。我们负重前行，然而又增加了一个战略概念，那就是"营销革命"。

然后，我们在最新想法以图书形式发表后第二天，终于鼓足了勇气。我们决定，既然我们的最后一次努力并不能改善我们的广告业务，那我们就更换坐骑了。这就意味着要放弃广告业务、员工以及位于纽约的办公室。简而言之，我们克服了对变化的恐惧。

我们终于做到了。我们骑上了"定位"这匹赛马，搬到了康涅狄格州的格林尼治，成了营销战略专家，从此过上了幸福生活。（至少迄今为止是这样。）

我们应该早在20年之前就骑上营销战略这匹赛马。也许你能从我们的失误中受益。

更换坐骑从来都不容易。栅栏另一边的田地里草会更绿？这一点谁也不能保证。**但是如果你已经身陷困境，那你就别无选择。查看四周，挑选一匹最具潜力的赛马，然后握紧拳头翻身上马吧!**

也许它正好能载你走过人生中最辉煌的一段征程。

POSITIONING

第14章

没有第二幕

"美国人的生活中没有第二幕。"F. 斯科特·菲茨杰拉德（F. Scott Fitzgerald）写道。然后，他去好莱坞证明了这一点。

在把营养系统公司建设成减肥行业的巨头之后，哈罗德·卡茨就转身去做其他事情了。他买了一家猎头公司、一家化妆品公司以及一家美体沙龙连锁店，还试图创建一家全美性的牙科美容连锁机构以及一家不分性别的美发连锁店（但是都没成功）。除此之外，他还买下了其家乡的篮球队——费城76人队。

卡茨办公室里的装潢也显示他最近发了大财：里面一切都是用镜面和黑色大理石做成。会议桌周围是一圈每把价值1 800美元的高背椅。而办公室后面是一间休息室，里面有一个"极可意"水流按摩浴缸以及一套最为先进的立体音响系统。

然而没过多久，卡茨的摇钱树——营养系统公司就开始呈现衰败趋势。不到一年时间，他的资产净值就从1 300万美元变成了−1 700万美元。该公司的股票也从48美元跌到约4美元，然后他卖掉了自己所持的股票。

发生在费城的哈罗德·卡茨身上的事情也降临到纽约的唐纳德·特朗普身上。**个中原因如出一辙，成功会冲昏智者的头脑。**

特朗普式陷阱

成功人士经常会陷入特朗普式陷阱，他们忘了最初什么使自己取得了成功。

他们以为顺境完全源自自身的努力，从而低估了形势、运气、天时以及他人在其中所起的作用。

曾驮着他们到达成功顶峰的坐骑现在已经消失在自大自狂的迷雾中，他们没有再骑上另一匹坐骑，而是开始拿自己当坐骑。他们渐渐以为自己永不会出错。疯狂的自大自狂加上没完没了的多样化经营，这就是灾难的配方。

1982年，29岁的欧文·利普斯坦（Owen Lipstein）创办了《美国健康》（*American Health*）杂志。他认为现有的健康杂志已不能适应现代人的健康理念，该杂志的销量也很快上升到100万册。他成了尽人皆知的百万富翁。《纽约时报》写道："利普斯坦先生是20世纪80年代期刊行业中的奇迹小子，他是一颗冉冉升起的新星，此人似乎永不会出错。"

《美国健康》杂志创刊后3年，利普斯坦买下了《地球母亲新闻》（*Mother Earth News*），1988年他又买下了《今日心理学》（*Psychology Today*）的控股股权。同年，他和一位合伙人一起，又创办了《时尚》（*Smart*）杂志。

一年之后，利普斯坦的出版帝国开始瓦解。资金问题迫使他将自己的至宝《美国健康》以4 000多万美元的价格卖给读者文摘公司。但是在这笔交易结束之前，该杂志的数期发行被延误，结果这个有了污点的出版物最终以2 910万美元的价格卖给了读者文摘，这笔钱仅勉强够他偿还自己的债务而已。

与此同时，《今日心理学》停刊，《地球母亲新闻》中的广告页数大幅减少，而《时尚》也进了拍卖行。"濒死体验能完善人的性格。"利普斯坦说。他尽管失去了金钱，但却没有失掉幽默感。

在任何一份日报中，你都能找到即将落入特朗普式陷阱的人。他们一般都有很高的知名度，而且通常备受推崇，正如欧文·利普斯坦和哈罗德·卡茨一样，他们还常常出现在电台访谈节目和电视采访中。他们被描述为"人体永动机"，不停地涉足各行各业。其实，即便没有落入特朗普式陷阱，他们也会掉进心脏病的陷阱。

感知并不等同于现实。有些赫赫有名的大人物也正处于灾难边缘，如唐纳德·特朗普一样。**要透过现象看到事物本质。那些真正成功的人无须出书或者跑到电视上告诉他人自己是何等的成功。交易的艺术在于在自己做成的漂亮交易问题上三缄其口。**

陷入特朗普式陷阱时，你开始感觉自己无所不能——无论是管理酒店、公寓、购物中心、赌场、足球队还是航空公司。你停止寻找坐骑，因为你觉得已经找到了最好的坐骑——你自己。

这真是个悲剧。

卷土重来

出于某种原因，许多成功的企业家会卖掉自己的第一份产业，经过几年的退休生活后又试图卷土重来，但成功的人极少。

我们称这种公司为"第二幕"公司。只有在创始人不停地输入资金的情况下这些公司才会存活，它们几乎从来不如原来的公司那样成功。而多数情况下，它们会带来灾难。

佩罗系统公司（Perot Systems Corp.）就是个典型的"第二幕"公司。罗斯·佩罗的第一家公司是电子数据系统公司（Electronic

Data Systems，EDS），创建于1962年，起步资金是1 000美元，而22年后他将其卖给通用汽车时，其价值为25亿美元。

到底是什么促使像佩罗这样已经取得了巨大成就的人在58岁时重新开办第二家公司呢？许多媒体以及众多股票分析师都认为是复仇，正如一位分析师所说："简单而纯粹的复仇。"他们说，佩罗是在向通用汽车复仇，而EDS正好挡在了他的路上。

还有人说是嫉妒。"对于一个伟人来说，他原以为某事物只能完全仰仗他，然而却看到它依旧兴旺发达，这不免令人难受。"EDS 的一位律师说，"这是典型的贪心不足。"

还有人说是因为贪婪。佩罗个人预计，1998年时佩罗系统公司价值10亿美元。

还有人说是竞争精神使然。当佩罗的老公司在跟他对簿公堂之时，他将之视为"偷袭珍珠港"，而且发誓要抢夺EDS的每一份合同。他宣称："就像放出一群恶狼屠杀一群绵羊一样。"

我们认为这种做法实在愚蠢。当佩罗创办EDS之时，他填补了一个市场空白。他的公司是第一家系统集成公司，所以他等于是开辟了一个新兴行业。他当时选择的是一匹创意型赛马。

而佩罗系统公司则缺乏独特的创意、独特的服务以及独特的定位。佩罗系统公司所拥有的不过是佩罗本人而已，而且他的坐骑已经留在了EDS。

赫里尔冰激凌公司（Herrell's Ice Cream）也是一家"第二幕"公司。史蒂夫·赫里尔（Steve Herrell）曾创办过一家极其成功且卓有名气的公司——史蒂夫家庭冰激凌公司（Steve's Homemade

Ice Cream）。1977年他卖掉史蒂夫家庭冰激凌公司，转而从事钢琴调音。3年后，即他跟史蒂夫家庭冰激凌公司之间的不竞争合约到期后1个月，他开办了赫里尔冰激凌公司。

10年过去了，赫里尔冰激凌公司的规模仍然远远不如史蒂夫家庭冰激凌公司，而且很可能未来仍会如此。

当史蒂夫创建史蒂夫家庭冰激凌公司之时，他拥有一匹产品型坐骑：第一种带馅的自制冰激凌，即巧克力和坚果混合的馅料。赫里尔冰激凌公司则拥有原本的史蒂夫，然而不幸的是，它还带着一个仿造名声。

还有一个史蒂夫·乔布斯，他所创建的"第二幕"公司恐怕最为有名，这就是NeXT公司。没错，乔布斯的第一家公司是苹果公司，世界上最成功的个人计算机公司。当他离开苹果的时候，他的股票价值超过1亿美元。前后两家公司之间的对比惊人。

苹果公司创建于一个车库，而NeXT则诞生在俯瞰旧金山海湾的三座白绿相间的大楼里。

苹果公司始于小本经营，而NeXT公司却以乔布斯的1 000万美元、IBM的1 000万美元、佩罗的2 000万美元以及佳能的1亿美元起家。

苹果公司问世时籍籍无名，而NeXT公司问世时广为人知，其宏大场面不但前无古人恐怕也后无来者。

然而苹果公司却是乘坐一匹产品型赛马出现，这匹赛马就是世界上第一台组装的个人计算机，而NeXT却不过是另一个工作站而已，步的是太阳微系统、阿波罗以及其他公司的后尘。

　　"第二幕"公司是狂妄驱使下的二次表演，其目的无非是告诉世人，你的"第一幕"之成功绝非偶然，你个人拥有非凡的才华。令人啼笑皆非的是，"第二幕"公司往往做了反证，它证明你的"第一幕"公司纯属运气。

　　事实上，"第二幕"公司如果源自失败的话反倒有更大的成功机会。比尔·米勒德的个人计算机公司已经濒临死亡，然后他把自己的全部精力都投入计算机天地零售连锁公司中。失败会迫使你审视自身之外的世界，你不想重犯以前的错误，所以你不会将注意力集中于自身，你会将注意力转向外界。然后在一丝运气的作用下，你有时能找到一匹更好的坐骑。

　　而成功却往往相反，它令人自得意满。想想乔布斯吧，当每个人都对他大加赞扬时，他不由得相信自己就是苹果公司取得惊人业绩的关键所在。然后，既然他是本时代的最佳企业家，那么他当然能在NeXT公司梅开二度。

　　幻象的破灭可能比金钱上的损失更令他痛苦。

　　无论你多么聪明机智，你也不可能缔造成功，你只能寻找成功。而你曾经找到过成功这个事实并不一定就意味着你能再次找到它，在你停止审视外界的时候情况尤其如此。

　　当你把自己的成功完全归功于个人努力时（乔布斯显然就是如此），你就会带着泛滥的自信在完全没有赛马意识的情况下开始二次创业。许多"第二幕"公司失败的根源都出自首次创业的成功。在首次成功这片土壤中，唯一生长出来的是个人的自大意识。

　　但是，从成功走向成功也是有可能的，许多人都做到了这一点。

如果你分析他们的经历，你就会发现他们是从另一个角度取得了二次胜利，他们并没有借助"第一幕"的冲力。

杰诺·帕卢西（Jeno Paulucci）就是这样。他的第一笔财富来自一个新的食品创意——方便炒面，即春景（Chun King），他以6 300万美元的价格把它卖给了雷诺公司（R. J. Reynolds）。他的第二笔财富来自杰诺比萨卷，他以1.5亿美元的价格把它卖给了贝氏堡公司。

春景的成功并没有使帕卢西以为自己是中国美食专家。"我能做任何中国食品，而且能取得成功。"一个狂妄自大的人也许会这样解读春景的故事。然而，帕卢西转身寻找另一匹坐骑，并在另一种名叫"比萨卷"的新食品创意中找到了它。

大多数"第二幕"公司都是由那些人创建的——他们试图坚持沿用"第一幕"中比较奏效的理念，只不过这一次他们试图做得更大、更好。正是这一点让他们陷入了困境——（再次尝试的时候）已经没有赛马可骑了。

为什么二次创业会如此困难

其实原本不该如此的，进行"第二幕"的时候你所拥有的资源比初次创业时拥有的资源多很多。你信心更足、经验更丰富、关系也更多，而且最重要的是，资金也更多。所有这些东西原本都能使事情变得更加容易，可是不然。

你往往会被过度的自信蒙蔽双眼。如果你自认为是个成功人士，你就不会把目光投向自身之外寻找成功路径，你只会把自己更多地投入项目中去。

最令人悲哀的是，那些满以为自己能随时在"第二幕"中取得成功从而自愿离开"第一幕"舞台的人，他们并不是为钱而动，常见的情形是，首次创业中所赚的钱已足以满足他们未来的所有需要。

他们也并非出于自大狂妄，即要向这个世界证明：他们才是"第一幕"公司取得成功的关键要素。坦白地说，他们这么做无非是为了找点事情做而已。

我们已经目睹过很多企业家走上了二次创业征程。口袋里塞着满满的钱，怀揣着不断膨胀的自我意识，他们对即将到来的问题全无意识。他们将要遇到的麻烦可想而知。如果起步的时候拥有足够的资金，那么损失几百万美元是很容易的事情，而这种故事再也不会见诸报端。老企业家们并不曾过世，他们只是不为人知而已。

弗雷德·海曼和盖尔·海曼的"第一幕"是一种名为乔治欧的极为成功的香水（以及位于贝弗利山的一家零售商店）。有趣的是，这种香水并非海曼夫妇所创。在被拿到海曼夫妇面前时，它已经分别被露华浓、赫莲娜和圣罗兰等多家公司拒绝。（对于成功来说，识别一个好创意或产品的能力比发明这个创意或产品更重要。）

海曼夫妇的诀窍在于，他们通过大量广告使每个人都知道了这种香水的存在，然而却几乎不让任何人销售这种香水，从而立刻产生了需求。乔治欧香水于是迅速占据了美国畅销排行榜的首位。

但是，海曼夫妇在推出这款香水时离婚了，并针对他们的宝贝乔治欧的所有权展开了争夺。为了解决彼此之间的纠纷，他们于

1987年以1.65亿美元的价格把它卖给了雅芳。

但是贝弗利山之战并没有结束。海曼夫妇都分别推出了各自的"第二幕"香水,弗雷德颇具创意,他将自己的品牌命名为"273",即他在罗德奥大道上的商店的地址。而盖尔则将自己的品牌命名为"贝弗利山"。谁将会在第二次贝弗利山之战中取胜?谁又会输呢?

雅芳很可能会取得胜利,因为它拥有第一匹赛马,而海曼夫妇很可能都会输。

这并非因为努力不够,至少弗雷德不是这样。他举办了一场极度奢华的好莱坞风格晚会来推出他的273香水:室外,停车场上,一支步操乐队在演奏;室内,一支百人组成的歌舞乐队在为参加晚宴的人伴奏。45斤鱼子酱被放在银质托盘上端出——数代鲟鱼子孙被消灭。著名音乐家马文·哈姆利什(Marvin Hamlisch)为这场晚会写歌一首,而玛里琳·麦库(Mafilyn McCoo)则是晚会的主持人。

如果你并不口渴的话,为什么要再次回到井边呢?"我从来没觉得自己是成功人士。"弗雷德说,"即便在我将乔治欧卖出的时候也是如此。"(出售乔治欧的时候他62岁。)

自负是一切"第二幕"公司灾难的根源。你也许必须要向自己证明你确实能再次成功,但是不必再向朋友和同事证明,他们本就认为你能再次做到。曾做到过一次就已足够,它能证明你确实是一流的。 类似于乔治欧这样耀眼的成就应该能满足你的终生需求:个人意识方面的需求以及所有金钱上的需要。

如果你发现自己面临与弗雷德和盖尔相似的境地,不妨考虑一种双方都能接受的折中方案。就像战争本身一样，当分歧上升到公开开战的地步时，双方都不可避免地会蒙受损失。

海曼夫妇在香水方面做到的事情，米切尔·卡普尔（Mitch Kapor）同样在计算机领域做到了，他凭借的是Lotus 1-2-3。当他还是一名年轻的计算机程序员时，他去了一家开发电子表格软件（VisiCalc）的公司工作。这种电子表格软件是为苹果公司设计的试算表程序，具有划时代的意义。卡普尔产生了一个想法，即设计出一种集成软件，这种软件能把电子表格程序和字处理软件结合起来，而且具备数据库的功能。

然而VisiCalc的开发商VisiCorp否决了卡普尔的1-2-3这种想法，因为该程序与公司现有的产品存在冲突。这种做法与那些初见乔治欧香水的生产商的做法如出一辙。这里有必要重申一下，识别一个优秀创意（而不是发明一个优秀创意）才是成功的关键所在。

所以卡普尔创建了莲花发展有限公司（Lotus Development Corp.），接下来的事情就具有历史意义了，其中包括Lotus 1-2-3，它成了世界上最畅销的软件。然而有些讽刺意味的是，该产品之所以取得巨大成功，并不是因为它是一款集成软件，而是因为它是IBM生产的个人计算机上的第一个电子表格程序。

无论从哪个角度来说，卡普尔和吉姆·曼兹之间的冲突都可以通过职责划分得到解决。然而，他终究离开了莲花发展有限公司，希望能在其人生中重新获得一种平衡感。卡普尔说："在公司这个巨大的搅肉机中，对发明创新的献身精神有点像是被碾压成碎肉装进了汉堡包。"

经过一年的"充电"之后，卡普尔成立了一家新的软件公司，即安科技有限公司（ON Technology）。该公司用了将近3年的时间、花了900万美元才开发出了第一款产品。这款被称为On Location的新软件能帮助苹果机用户更快地找到文件，这远不是什么能引起巨大轰动的产品。

当你找到一匹出色的赛马之后，想方设法坚持下去必然会带来回报，而从头开始则极其困难。

跟比尔·盖茨一道创建了微软的保罗·艾伦于1983年因为霍奇金病离开了公司。两年后，他战胜了疾病，并创建了一家名为Asymetrix的公司，然而该公司很可能不会引起多大的轰动。

史蒂夫·乔布斯和史蒂夫·沃兹尼亚克在苹果公司时的第三个"隐形"合伙人迈克·马库拉（Mike Markkula）于1988年以3 000万美元的风险投资创建了埃施朗公司（Echelon Corp.），该公司生产的计算机芯片可以应用于建造智能住宅、智能工厂以及智能汽车，而且价格低廉。这家新公司的董事长肯尼思·奥斯曼（Kenneth Oshman）是罗尔姆公司（Rolm Corp.）的创始人之一。因此，埃施朗公司其实代表着两家"第二幕"公司，这可不是个好兆头。

沃兹尼亚克这个带着4 500万美元净资产离开苹果公司的人，最近关闭了自己在1985年创建的生产无线遥控设备的CL-9公司，估计他那4 500万美元基本还在。

诺兰·布什内尔（Nolan Bushnell）创建了雅达利公司（Atari），并由此开创了一个全新的行业。自从1976年将这家视频游戏巨头卖掉之后，他就屡战屡败，其中包括查克 E. 奇斯比萨时代剧院

（Chuck E. Cheese Pizza Time Theater），该餐饮连锁最终倒闭并使他亏损了将近1亿美元。"我现在的资产还不到过去的一半。"而今布什内尔说。

当可以长时间播放的密纹唱片的发明者彼得·戈德马克（Peter Goldmark）转向电视行业时，他遭遇了失败。他的CBS彩色电视系统与黑白电视系统不能兼容，于是败给了能实现兼容的美国无线电公司（RCA）开发的产品。

当快速照相机（也被称为即时照相机、拍立得照相机）的发明者埃德温·兰德（Edwin Land）转战电影业时，他那耗资1亿美元的宝丽来自动显影电影设备系统（Polavision）遭遇了极大失败。

失败是错失良机的结果

"第二幕"公司结局不佳的原因之一是时机不对。一个人在进行二次创业时必然会采取初次创业时适用的同样策略，而且只会比原来规模更大、运用得更好。弗雷德·海曼就是一个典型例子，唯一的不同就在于时机。

时机决定了事物之间的差别，你无法让时光倒流。小约翰·扬·布朗试图以哈登·索尔特（Haddon Salt）的英式炸鱼和炸土豆条复制他在肯德基中取得的成功（为开办公司，他向哈登·索尔特支付了1 200万美元）。

"小约翰打算克隆肯德基。"他的一名主管说，"他在炸鸡方面做得太棒了，他以为自己能用同样的技术、同样的工序将成功经验复制到炸牛肉、炸鱼或别的什么中去。问题是他没有一个上校来研究炸鱼或者炸牛肉，而且他也不是这个领域里第一个进行尝试的人。"

沃尔特·麦克（Walter Mack）是一个具有传奇色彩的天才，在20世纪三四十年代，他把百事可乐公司打造成该领域中一个重量级选手。1978年，他创办了可乐王公司。尽管当时麦克已经83岁高龄，但是媒体给他提供了相当不错的成功机会。然而，3年之后，这家公司破产了。

假日酒店的创始人凯蒙斯·威尔逊（Kemmons Wilson）最近推出了两家连锁旅店：威尔逊世界酒店（Wilson World Hotels）和威尔逊酒店（Wilson Inns.）。我们的预测是：前景不妙。假日酒店是第一家现代化酒店，它取代了曾经林立在美国各条道路旁边的"舒适小屋"。而无论威尔逊世界酒店还是威尔逊酒店，都不具有首创性。

以《家中琐事》这部具有轰动性的电视剧改变了电视行业的诺曼·利尔刚刚创办了一个媒体与娱乐帝国，取名为第三幕通讯公司（Act III Communications Inc.）。他大举借债，买下了3家连锁影院、8个电视台以及12家专业杂志。而"第三幕"，利尔选取这个名字很可能是为了庆祝自己从作家到制片人再到电影大亨这3大步。这家公司起步艰难。在67岁时，利尔心中有了更大的计划，他一语双关："这是莎士比亚的一个剧目，共有5幕。"我们想知道下文如何。

W. 迈克尔·布卢门撒尔（W. Michael Blumenthal）以前在班迪斯（Bendix）拥有一份骄人的事业，随后他更上一层楼，在卡特（Jimmy Carter）总统的政府中担任过一届美国财政部长。46岁时，在被任命为班迪斯的首席执行官后，任职期间他扭转了这个混合大企业的局面，成了美国最有名且最受尊敬的首席执行官之一。然而第二幕中命运对布卢门撒尔先生就不那么仁慈了。首先，他在布洛斯公司（Burroughs）找了份工作。然后，1986年他策划了布洛斯公司与斯佩里公司（Sperry）的合并，合并后成立了优利公司（Unisys）。尽管他曾反复表示在优利公司取得巨大成功之前不会隐退，但是在1990年1月的某一天，当优利公司宣布其在第四季度中净收入降低了84%、当年亏损额达6.39亿美元时，他宣布退休。

联合技术公司的董事长哈里·格雷退休后就接任了美国国际医学公司（American Medical International）首席执行官一职。70岁高龄的格雷先生为了这家价值30亿美元的公司忙得焦头烂额，然而公司经营状况不佳，收入每况愈下，目前处于亏损状态。

重演第一幕

虽然成功的"第二幕"公司很少，但是确实有很多人转身回头，并复现了"第一幕"公司的成功。1985年，桑德拉·库奇格（Sandra Kurtzig）从她自己于13年前在自家厨房里创办起来的软件公司辞职，开始追求个人生活：她在夏威夷建了一所房子，写了一部自传，并且跟两个儿子有了更多的相处时间。然而1989年，随着公司利润的下滑，她又回去工作了。

库奇格的公司可不是个无名小卒，她的ASK计算机公司每年营业额达2亿美元，在全球拥有55家办事处，有将近1 000名员工。我们预计这家公司能恢复以前快速发展的势头。**"创始人是最好的旗手。"** 关于库奇格的回归，一位风险投资家如是说。

A. W. 克劳森（A. W. Clausen）是北美银行（BankAmerica）的首席执行官，他于1981年离职，成了世界银行的首脑。几年时间里，大量的贷款亏损和急剧上升的开支把北美银行推到了破产边缘。克劳森先生于1986年回归，并扭转了局面。如今该银行的利润飞速增长。

1983年，菲尔·奈特离开了耐克，耐克是他与别人合伙创建的一家跑鞋公司。然而第二年利润骤然下滑了29%——10年以来该公司利润第一次下滑，于是奈特又回去了。如今的耐克公司已经成了世界上最畅销的运动产品品牌。还是那句话，创始人就是最好的旗手。

1979年，约翰·高斯（John Koss）聘请了一名职业经理来管理他的家族企业。（高斯公司是市场的先行者，它开发了家用市场上的第一种音频耳机。）然后他置身事外，全权委托这位经理负责企业扩张。结果，产品线的拉长和经营的多元化最终把高斯公司推入了破产境地。

1984年，高斯再次接手高斯公司，高斯说："我本该相信自己的直觉，可是我觉得自己连大学都没上过，凭什么质疑拥有MBA学位的人呢？"如今的高斯公司再次成了成功的家族企业——一家由一位父亲执掌、两个儿子和两个女婿当帮手的企业，它不再聘请职业经理人。

POSITIONING

第15章

借口，还是借口

比起寻找一匹赛马当坐骑，许多人更善于寻找借口。当机遇来敲门时（这种事情经常发生），你必须做好骑上它的准备。如果你拿以下这些借口做挡箭牌的话，那你唯一能责怪的就是你自己。

"我太老了。"

"我还太年轻。"

"我比较腼腆。"

"我不够聪明。"

"我太懒。"

"我太穷了。"

"已经太晚了。"

事情的真相是，外面是一个广阔世界，而就机遇而言，它总会越来越大。在你从报纸上读到或在电视上看到的那些名字（这上面出现的相对只是少数）的背后，有一大批非常成功的人正骑着各种各样的赛马驰骋在各行各业。

如果你对此有所怀疑，不妨到一些游艇码头转一转。这样的码头数目众多，在世界各地随处可见。在这里游艇的数量始终都令人惊叹。你不得不承认，单从游艇的数量来看，这个世界上的成功人士就比你在报纸上所见的人数要多得多。

如果你找不到这样一个码头，那只需开车穿过美国一些高租金地区，看一看你在那里找到的豪宅。

当你在高租金地区开车驶过时，请数一数你所看到的奔驰、宝马以及捷豹，单是1989年美国人就买了159 562辆这样的豪华汽车。

但是，更能说明问题的是去问几个关于这些游艇、豪车以及豪宅的主人的问题。

你所得到的答案是，这些奢侈品的主人并不个个都是世界500强企业的首席执行官。十有八九，你会被告知，某物的主人做了一些类似于发明医疗检测设备或者换零钱机这样的事情，要么就是销售过一些令人激动的物品，如管道配件。

有些成功故事会令你瞠目。在科罗拉多州有一家农场，然而这家农场并不养牛，而是饲养驼鹿，因为驼鹿的利润比牛高得多。比如，一头处于生育期的雌驼鹿能卖到7 000美元。（这是一个找到驼鹿当坐骑的例子。）

美国是一个充满机遇的国度，因为其社会结构庞大，里面容纳着成千上万个非常成功的创意、服务以及产品，而出售或者发明这些的是一些你之前闻所未闻（并且将来也不会听闻）的人。

赛马到处都是，人们所缺少的是赛马意识，你无须跳出自身之外到处寻找。说到这里，下面我们提供了一些原则，你在搜寻自己的坐骑时应该把它们牢记于心。

人格魅力比智力更重要

生活在这样一个有着50亿人口的世界上，如果你想出人头地，你就必须学会与人相处。而且，在有这么多人的情况下，当提到比其他人更聪明这个问题时，仅平均原则就会使你处于不利地位。

做个更具魅力的人比做个聪明人更好。

在成功这种游戏中，个性是一笔巨大的财富。这并不仅仅因为人们会觉得你风趣幽默或魅力无限或风度翩翩，而是因为从本质上来讲，有人格魅力的人注重的是自身以外的东西。他们的精力投放在他人身上，投放在事物的本质之上。

另外，智力往往使人们把注意力集中在自己以及自己的世界观上，而这种世界观往往建立在他们对事物的预期之上。**智力超群的人往往会对这个世界抱有不切实际的幻想，每样事物都要经过他们的自我意识的过滤，而这常常会导致他们对机遇做出错误的判断。因为颠覆性的创意初时往往显得有些愚蠢，所以聪明的人经常会忽略这些想法。**

如果你对魅力的力量有所怀疑，请读《华尔街日报》，你会读到关于某个骗子蒙蔽了某个贪婪而毫无戒心的投资人并骗取了数百万美元的报道，这样的报道至少每月会出现一次。

机会绝对均等永远不会存在

有些人投对了胎，有些人占尽天时，还有些人占据地利。

如果上述三种天然优势你连一种都不具备，那么你必须通过找到一匹赛马为自己创造有利条件。如果你试图完全靠个人力量赢得人生比赛，那么起步之始你就面临着巨大障碍。如果你决定寻找一匹坐骑而不是凡事都靠自己的话，你就会获得一种巨大优势。大多数人都不具备这种优势。

对于那些想以"缺乏机遇"做借口的人来说，嫉妒会成为前进路上的一大障碍。

这种人往往把注意力放在他人的坐骑上，放在他人如何成功驾驭他们的坐骑上。这样的嫉妒之人终其一生都在谈论这些事情：某某先生干得多么漂亮，或者某某女士多么幸运，或者他们自己如何因为种种原因而如此不幸。结果，他们没空注意那些能充当他们的坐骑的事物。

放弃梦想——把握机遇

在好莱坞，梦想成为巨星的演员成千上万，然而只有极少数人梦想成真。大多数人都生活在这个巨大的美梦中，这个美梦滋养着他们，支撑着他们，并最终辜负了他们。**要想取得巨大成功，你必须到自身之外去寻找梦想。外面待人乘坐的成功赛马又何止千千万万！你要放弃自己的梦想，睁开你的双眼。**

梦想的问题在于，它们往往不是现实，它们不过是想象的组成部分，而赛马却奔驰在现实世界。

千里之行，始于足下，然而梦想却通常无法脚踏实地。结果，做梦之人脱离了现实世界，而正是现实世界驾驭并繁育着赛马，它使其沿着一条稳固的道路缓慢前行，最终走向成功。这里，缓慢才是关键所在。

来得匆匆的成功往往去也匆匆，像火箭一样一飞冲天的事物跌下来的时候也必然疾如闪电。有些人人生起步很快，他们的人生犹如梦境，他们也渐渐对此梦深信不疑，然后他们会再一次脱离现实。

唐纳德·特朗普的悲惨故事就是一个很好的例证。他拥有一匹家族型赛马，他也成功地驾驭了它。然而，他也一样梦想财富和权力。不久，梦想占了上风，而他开始相信报纸上所有有关他的报道。他的自负主宰了一切，他脱离了现实世界。在此过程中，他损失了大量金钱，他的梦想也被现实击得粉碎。

规划事业就是强化错觉

美利坚公司（Corporate America）的一个神话是职业规划。年轻人幻想着有一些人力资源总监会细心地引导他们沿着企业的阶梯步步向上，而在他们沿着阶梯向上攀爬的过程中，企业会培养他们、培训他们、爱护他们并提拔他们。

算了吧。

没人能预知未来，我们唯一所熟知的是过去。预测未来就等于强化幻觉，这就好比骑着一匹赛马倒着奔跑。

当通用食品公司被菲利普·莫里斯食品公司收购时，在通用食品公司的职业规划就变得扑朔迷离起来。

当个人计算机超越了文字处理器并置王安公司于灾难边缘之时，在王安公司的职业规划就成了问题。

在计算机行业，当IBM试图裁员10 000人之时，在IBM的职业规划就相当难以实现。

在这个变幻莫测的世界里，你的最佳选择就是竭尽全力骑在那匹赛马之上。有马可骑胜过各种规划。

永远不会为时过早，也永远不会为时过晚

当比尔·盖茨找到软件型赛马来骑的时候，他还只是哈佛大学里的一个十几岁的青少年，然后他辍学创建了那家后来被称为微软的公司。

雷·克罗克51岁时才开了第一家麦当劳餐厅，哈维·麦凯54 岁时才写下他的第一部书，哈兰德·桑德斯65岁时才卖出第一个肯德基特许经营证。

成功不论年龄。

显然，如果能尽早找到自己的人生坐骑当然更好，但是有时你得花点时间才能找到机会翻身上马。

年轻的头脑还具备一种特别优势，那就是它更为开放、易于接受新的思想和潮流。年轻人会很乐意挑战习惯思维。让这种头脑保持开放十分重要，这就是原因所在。如果你已经有些老了，请确保自己跟年轻一代多多相处，这样才能跟上时代潮流。

但是，对于年老之人来说，最为重要的是当赛马出现之际，要乐于放下一切。（对年轻一些的人来说，要放下的东西显然不多。）雷·克罗克放弃了销售餐馆设备的工作创建麦当劳，赫伯·凯莱赫放弃了自己的法律职业创建西南航空公司。

到了该翻身上马的时机，你不能携带太多人生中积存的行李。

管住嘴不后悔

大多数人在表达自己观点时都迫不及待，想要给朋友和同事留

下深刻印象。要保留自己的想法，等待别人先发表意见。**头脑开放而双唇紧闭的人会比那些思想封闭却嘴巴不停的人更容易找到一匹坐骑。**

如果你想被朋友和熟人视为天才，那就应该练习用富有感情的语气说"很有意思"这句话。

这种观点进一步说明了前面所说"人格魅力胜过智慧"这条原则的重要性。

当人们感到跟你在一起比较自在的时候，他们往往会打开心扉，告诉你更多信息。因为你没有说话，所以你就有聆听的机会。而当你正试图寻找坐骑的时候，聆听至关重要。

我们要跟你透露一点我们的行内秘密。当我们就该采用哪种创意，即该骑上哪匹赛马为大型企业做营销咨询的时候，答案往往来自那些聘请我们为之寻找解决方案的人之口。答案，或曰赛马，就在那里，只是不够明显而已。没有人能看见它，他们都忙着参加会议、忙着侃侃而谈。

人生就是这样。如果你倾听并观察，你会处于有利地位，并能发现一些显而易见的事物；如果你一直喋喋不休，你看清事物的概率就大大降低。滔滔不绝的时候是很难进行观察的。

到新领域去寻找你的赛马

这本书里为什么会有这么多计算机方面的案例呢？因为计算机和计算机软件是新领域。**机会几乎总是出现在新领域中。是新领域**

创造了机遇，而不是你。但是，对你来说，计算机可能并不是新领域，因为它们已经成了昨日的新领域。对你来说，问题是：将来什么是新领域？

这个问题才是你需要扪心自问的，而不是"我想干什么"、"我是什么样的人"、"我是谁"以及"我是干什么的"这样的问题。

要忘掉自己。什么才是未来的新领域？这才是你要问的问题。虽然没人知道未来是什么样，但是你要让自己置身于正在萌芽的新思想、新理念之中，你要一直希望自己置身于事件将要发生之地，要一直希望自己始终处于寻找坐骑的状态。

好啦，不要再找借口。走出去，去寻找一匹坐骑。在如何寻找坐骑这个问题上，但愿我们的意见已经使你对此有了更好的理解。

译者后记

你每天起早摸黑地工作，周末还会加班，就想在公司里出人头地，结果却眼睁睁地看着晋升机会落在你的同事身上，而且是一位从不加班甚至有时早退的同事。你为此感到过愤怒吗？从小到大，不断有人告诉我们，要充满自信、积极思考、设定目标，似乎这样就一定能够成功，你做到了但依然没有成功。你为此感到过困惑吗？如果是，你不妨看看这本书，以便一探究竟。

本书的两位作者里斯和特劳特是"定位"理论之父。特劳特是美国特劳特咨询公司总裁，1969年，他在《定位：同质化时代的竞争之道》的论文里首次提出了商业中的"定位"概念，1972年以《定位时代》的论文开创了定位理论，1981年出版学术专著《定位》。后来，他推出了定位论落定之作《重新定位》。2001年，定位理论压倒菲利普·科特勒、迈克尔·波特，被美国营销协会评为"有史以来对美国营销影响最大的观念"。

在这本书里，作者将焦点从公司营销转向如何在人生中领先这一话题。他们的提醒是："更努力地工作、更坚定地相信自己、更积极地思维，单凭这些都不能让你攀上成功的阶梯。"

首先，作者对"自信和积极思维成功理论"的驳斥令人耳目一新。他们认为，我们生来就具有一个CQ值和一个IQ值，即自信心商数和智力商数。不管我们怎么努力，对于提高这两个商数都是毫无助益的。当然，无论如何，只要有可能，我们就应该让自己更加自信。不过，最好采取较为容易的方法。让我们先取得成功，然后让成功提升自信。

其次，作者对于"通过努力工作而获得成功"这一被大家普遍接受的观点也有其独到的见解。他们把人生比做一场赛马，如果你只知道埋头苦干，那么你一定是在骑着你自己。而你就是一匹平庸、不愿合作、无法预知的马。人们总想驾驭这匹马，却很少有人能够成功。

作者旁征博引，甚至不惜落下罗列之嫌，但其目的在于证明，成功根本不是某种你能自发产生的结果。成功的关键是你能从别人那里获得什么。在这个人人都很努力的社会里，不能只依靠你自己这一个资源，还要寻找各种"赛马"，借助外力来实现目标，取得成功。这里的赛马既可以是公司、产品、创意，也可以是你的老板、朋友、配偶和家人。

所以，不管你在做什么，上大学也好，在公司上班也罢，你都应该睁大双眼。当你发现那匹可以带你到达顶峰的赛马时，不要犹豫。放弃你正在做的一切，跳上马背，你可能再也没有这样的机会了。希望读者和我们一样，看完这本书后也会深受启发，然后把目光投射到自身之外，睁大双眼寻找我们可以驾驭的"赛马"。

本书的序言、第1～4章及第7～8章的翻译由何峻负责，其中序言及第1～3章的初稿由陈懿完成；第5～6章的翻译由孙冠华完成；第9～15章的翻译由王俊兰完成。此外，在我们的翻译过程中，上海英硕文化传播有限公司在协调分工、进度控制等

方面做了大量的统筹工作，在此表示感谢。最后，由于译者水
平有限、时间仓促，在翻译过程中难免出现差错，恳请读者批
评指正。

译者

2011年8月5日

附录A

定位思想应用

定位思想
正在以下组织或品牌中得到运用

• 长城汽车：品类聚焦打造全球盈利能力最强车企

以皮卡起家的长城汽车决定投入巨资进入现有市场更大的轿车市场，并于2007年推出首款轿车产品，市场反响冷淡，企业销售收入、利润双双下滑。2008年，在定位理论的帮助下，通过研究各个品类的未来趋势与机会，长城确定了聚焦SUV的战略，新战略驱动长城重获竞争力，哈弗战胜日韩品牌，重新夺回中国市场SUV冠军宝座。2011年至今，长城更是逆市增长，SUV产品供不应求，销售增速及利润高居自主车企之首，利润率超过保时捷位居全球第一，连续三年成为全球盈利能力最强的车企。2009年导入聚焦战略不到5年里，长城汽车股票市值增长超过80倍。

• 老板：定位"大吸力"，摆脱长期拉锯战，油烟机市场一枝独秀

长期以来厨房家电中的两大品牌—老板与方太—之间的竞争呈现胶着状态，双方仅有零点几个百分点的差距。2012年开始，老板进一步收缩业务焦点，聚焦"吸油烟机"，强化"大吸力"。根据中怡康零售监测数据显示，2013年老板电器在吸油烟机市场的零售量和零售额份额同时卫冕。同时，由于企业聚焦的"光环效应"带动，

老板灶具的销售额与销售量也双双夺冠，首次全面超越华帝灶具。2014年第一季度，老板吸油烟机零售量市场份额达到15.67%，领先第二名36.02%；零售额市场份额达到23.30%，领先第二名17.31%。

• 新杰克缝纫机：聚焦"服务"与中小企业，缔造全球工业缝纫机领导品牌

在经历连续三年下滑后，昔日工业缝纫机出口巨头杰克公司启动新的聚焦战略，进一步明确了"聚焦中档机型、聚焦中小服装企业客户、聚焦服务"的战略方向。在推动实施新战略后，新杰克公司2013年销售大幅上涨。当年工业缝纫机行业整体较上一年上涨10%～15%，而杰克公司上涨110%。新战略推动杰克品牌重回全球工业缝纫机领导品牌的位置，杰克公司成为全球最大的工业缝纫机企业。

• 真功夫：新定位缔造中式快餐领导者

以蒸饭起家的中式快餐品牌真功夫在进入北京、上海等地之后逐渐陷入发展瓶颈，问题店增加，增长乏力。在定位理论的帮助下，通过研究快餐品类分化趋势，真功夫厘清了自身最佳战略机会，聚焦于米饭快餐，成立"米饭大学"，打造"排骨饭"为代表品项，并以"快速"为定位指导内部运营以及店面选址。新战略使真功夫重获竞争力，拉开与竞争对手的差距，进一步巩固了中式快餐领导者的地位。

......

红云红河集团、鲁花花生油、芙蓉王香烟、长寿花玉米油、今麦郎方便面、白象方便面、爱玛电动车、王老吉凉茶、桃李面包、惠泉啤酒、燕京啤酒、美的电器、方太厨电、创维电器、九阳豆浆

机、乌江涪陵榨菜……

• "棒！约翰"：以小击大，痛击必胜客

《华尔街日报》说"谁说小人物不能打败大人物"时，就是指"棒！约翰"以小击大，痛击必胜客的故事。里斯和特劳特帮助它把自己定位成一个聚焦原料的公司—更好的原料、更好的比萨，此举使"棒！约翰"在美国已成为公认最成功的比萨店之一。

• IBM：成功转型，走出困境

IBM 公司1993 年巨亏160 亿美元，里斯和特劳特先生将IBM品牌重新定位为"集成计算机服务商"，这一战略使得IBM成功转型，走出困境，2001 年的净利润高达77 亿美元。

• 莲花公司：绝处逢生

莲花公司面临绝境，里斯和特劳特将它重新定位为"群组软件"，用来解决联网电脑上的同步运算。此举使莲花公司重获生机，并凭此赢得IBM 的青睐，以高达35 亿美元的价格售出。

• 西南航空：超越三强

针对美国航空的多级舱位和多重定价的竞争，里斯和特劳特将它重新定位为"单一舱级"的航空品牌，此举帮助西南航空从一大堆跟随者中脱颖而出，1997 年起连续五年被《财富》杂志评为"美国最值得尊敬的公司"。

......

惠普、宝洁、通用电气、苹果、汉堡王、美林、默克、雀巢、施乐、百事、宜家等《财富》500 强企业，"棒！约翰"、莲花公司、泽西联合银行、Repsol石油、ECO 饮用水、七喜……

附录B

企业家感言

经过这些年的发展，我的体会是：越是在艰苦的时候，越能看到品类聚焦的作用。长城汽车坚持走"通过打造品类优势提升品牌优势"之路，至少在5年内不会增加产品种类。

——长城汽车股份有限公司董事长　魏建军

在与里斯中国公司的多年合作中，我最大的感受是企业在不断矫正自己的战略定位、聚焦再聚焦，真的是一场持久战。

——长城汽车股份有限公司总裁　王凤英

我对定位理论并不陌生，本人经营企业多年，一直在有意识与无意识地应用定位、聚焦这些法则。通过这次系统学习，不但我自己得到了一次升华，而且更坚定了以后经营企业要运用品类战略理论，提升心智份额，提高市场份额。

——王老吉大健康产业总经理　徐文流

没听课程之前，以为品类课程和定位课程差不多，听了课程以后，发现还是有很大的不同。品类战略的方法和步骤更清晰、更容易应用。听了品类战略的课才知道怎么在企业里落实定位。

——杰克控股集团有限公司总裁　阮积祥

听完课后，困扰我多年没有想通的问题得到了解决，品类战略对我帮助真的非常大！

——西贝餐饮集团董事长　贾国龙

　　我读过很多国外营销、战略类图书，国内专家的书，我认为只有《品类战略》这本书的内容最值得推荐，因此，我推荐360公司的每位同事都要读。

　　　　　　　　　　——奇虎360公司董事长　周鸿祎

　　通过学习，我认识到：聚焦，打造超级单品的重要性，通过打造超级单品来提升企业的品牌力。品类战略是企业系统工程，能使企业从外而内各个环节相配称。

　　　　　　　　——今麦郎日清食品有限公司董事长　范现国

　　学习了品类战略之后，我对心智当中品类划分更清楚了，回去对产品就做了调整，取得了很好的效果，就这一点就值得500万元的咨询费。

　　　　　　　　　　——安徽宣酒集团董事长　李健

　　我很早就读过《定位》，主要的收获在观念上，在读了《品类战略》之后，我感觉这个理论是真正具备系统的操作性的。我相信（品类战略）这个方法是革命性的，它对创维集团的影响将在未来逐步显现出来。

　　　　　　　　　　——创维集团副总裁　杨东文

　　对于定位理论的理解，当时里斯中国公司的张云先生告诉我们一句话，一个企业不要考虑你要做什么，要考虑不要做什么。其实我理解定位，更多的是要放弃，放弃没有能力做到的，把精力集中到能够做到的地方，这样才有可能在有限的平台当中用你更多的资源去集中，做到相对竞争力的最大化。

　　　　　　　　　　——家有购物集团有限公司董事长　孔炯

我听过很多营销课，包括全球很多大公司的实战营销、品牌课程。里斯的品类战略是我近十年来听到的最好的营销课程！南孚聚焦战略的成功经验，是花了一亿多元的代价换回来的。所以，关于聚焦，我特别有共鸣。

——南孚电池营销总裁　刘荣海

我们非常欣赏和赞同里斯品类战略的思想，我们向每一个客户推荐里斯先生的《品牌的起源》，了解品类战略。我们也是按照品类战略的思想来选择投资的企业。

——今日资本总裁　徐新

这是一个少即是多、多即是少的时代，懂得舍弃，才有专一，只有占据人们心智中的"小格子"，才终成唯一。把一切不能让你成为第一的东西统统丢掉，秉怀这种魄力，抵抗内心的贪婪，忍痛割爱到达极致，专心做好一件事，才有可能开创一个品类，引领一个品牌，终获成功。

——猫人国际董事长　游林

经过30年的市场经济发展，现在我们回过头来再来看《品类战略》。一方面，它是对过去的提炼与总结；另一方面，它让我们更多地了解到我们的中国制造怎样才能变成中国创造。

——皇明集团董事长　黄鸣

接触了定位理论，对我触动很大，尤其是里斯先生的无私，把这么好的观念无私地奉献给企业。

——滇红集团董事长　王天权

三天的学习，最大的收获是：用聚焦思考定位，做企业就是做品牌大树，而不是品牌大伞或灌木。还有一个重要的启示是：战略由决策层领导制定。

——公牛集团董事长　阮立平

好多年前我就看过有关定位的书，这次与我们各个事业部的总经理一起来学习，让自己对定位的理念更清晰，理解更深刻，对立白集团的战略和各个品牌的定位明朗了很多。

——立白集团总裁　陈凯旋

消费者"心智"之真，企业、品牌"定位"之初，始于"品牌素养"之悟！

——乌江榨菜集团董事长兼总经理　周斌全

品类战略是对定位理论的发展，抓住了根本，更有实用性！很好，收获很大！

——白象食品股份有限公司执行总裁　杨冬云

课程前，我已对里斯品类战略进行了学习，并在企业中经营实践。这次学习的收获是：企业应该聚焦一个行业，甚至聚焦某一细分品类去突破。把有限的资源投入到别人的弱项以及自己的强项上去，这样才能解决竞争问题。

——莱克电气股份有限公司董事长　倪祖根

战略定位，简而不单，心智导师，品牌摇篮。我会带着定位的理念回到我们公司进一步消化，希望定位理论能够帮助我们公司发展。

——IBM（中国）公司合伙人　夏志红

定位思想最大的特点就是观点鲜明，直指问题核心，绝不同于学院派的观点。

——北药集团董事长　卫华诚

心智为王，归纳了我们品牌成长14年的历程，这是极强的共鸣；心智战略，指明了所有企业发展的正确方向，这是我们中国的福音；心智定位，对企业领导者提出了更高的要求，知识性企业的时代来临了。

——漫步者科技股份公司董事长　张文东

关键时刻掌握关键技能

关键对话：如何高效能沟通（原书第3版）

应对观点冲突、情绪激烈的高风险对话，得体而有尊严地表达自己，达成目标。
说得切中要点，让对方清楚地知道你的看法，是一种能力；
说得圆满得体，让对方自我反省，是一种智慧。

关键冲突：如何化人际关系危机为合作共赢（原书第2版）

化解冲突危机，不仅使对方为自己的行为负责，还能强化彼此的关系，
成为可信赖的人。

影响力大师：如何调动团队力量（原书第2版）

轻松影响他人的行为，从单打独斗到齐心协力，实现工作和生活的巨大改变。

关键改变：如何实现自我蜕变

快速、彻底、持续地改变自己的行为，甚至是某些根深蒂固的恶习，
这无论是对工作还是生活都大有裨益。

推荐阅读

关键跃升：新任管理者成事的底层逻辑

从"自己完成任务"跃升到"通过别人完成任务"，你不可不知的道理、方法和工具，一次性全部给到你

底层逻辑：看清这个世界的底牌

为你准备一整套思维框架，助你启动"开挂人生"

底层逻辑2：理解商业世界的本质

带你升维思考，看透商业的本质

进化的力量

提炼个人和企业发展的8个新机遇，帮助你疯狂进化！

进化的力量2：寻找不确定性中的确定性

抵御寒气，把确定性传递给每一个人

进化的力量3

有策略地行动，无止境地进化

定位经典丛书

序号	ISBN	书名	作者
1	978-7-111-57797-3	定位（经典重译版）	（美）艾·里斯、杰克·特劳特
2	978-7-111-57823-9	商战（经典重译版）	（美）艾·里斯、杰克·特劳特
3	978-7-111-32672-4	简单的力量	（美）杰克·特劳特、史蒂夫·里夫金
4	978-7-111-32734-9	什么是战略	（美）杰克·特劳特
5	978-7-111-57995-3	显而易见（经典重译版）	（美）杰克·特劳特
6	978-7-111-57825-3	重新定位（经典重译版）	（美）杰克·特劳特、史蒂夫·里夫金
7	978-7-111-34814-6	与众不同（珍藏版）	（美）杰克·特劳特、史蒂夫·里夫金
8	978-7-111-57824-6	特劳特营销十要	（美）杰克·特劳特
9	978-7-111-35368-3	大品牌大问题	（美）杰克·特劳特
10	978-7-111-35558-8	人生定位	（美）艾·里斯、杰克·特劳特
11	978-7-111-57822-2	营销革命（经典重译版）	（美）艾·里斯、杰克·特劳特
12	978-7-111-35676-9	2小时品牌素养（第3版）	邓德隆
13	978-7-111-66563-2	视觉锤（珍藏版）	（美）劳拉·里斯
14	978-7-111-43424-5	品牌22律	（美）艾·里斯、劳拉·里斯
15	978-7-111-43434-4	董事会里的战争	（美）艾·里斯、劳拉·里斯
16	978-7-111-43474-0	22条商规	（美）艾·里斯、杰克·特劳特
17	978-7-111-44657-6	聚焦	（美）艾·里斯
18	978-7-111-44364-3	品牌的起源	（美）艾·里斯、劳拉·里斯
19	978-7-111-44189-2	互联网商规11条	（美）艾·里斯、劳拉·里斯
20	978-7-111-43706-2	广告的没落 公关的崛起	（美）艾·里斯、劳拉·里斯
21	978-7-111-56830-8	品类战略（十周年实践版）	张云、王刚
22	978-7-111-62451-6	21世纪的定位：定位之父重新定义"定位"	（美）艾·里斯、劳拉·里斯 张云
23	978-7-111-71769-0	品类创新：成为第一的终极战略	张云